竹乡坊宅

宜业农宅调查研究

仲利强　王宇洁／著

中国建筑工业出版社

图书在版编目（CIP）数据

竹乡坊宅：宜业农宅调查研究 / 仲利强，王宇洁著
. —北京：中国建筑工业出版社，2023.5
ISBN 978-7-112-28405-4

Ⅰ.①竹… Ⅱ.①仲…②王… Ⅲ.①农村住宅—调
查研究—中国 Ⅳ.①TU241.4

中国国家版本馆CIP数据核字（2023）第032619号

责任编辑：刘静
书籍设计：锋尚设计
责任校对：王烨

竹乡坊宅 宜业农宅调查研究
仲利强　王宇洁　著
*
中国建筑工业出版社出版、发行（北京海淀三里河路9号）
各地新华书店、建筑书店经销
北京锋尚制版有限公司制版
北京市密东印刷有限公司印刷
*
开本：787毫米×1092毫米　1/16　印张：13¼　字数：277千字
2023年5月第一版　　2023年5月第一次印刷
定价：**48.00** 元
ISBN 978-7-112-28405-4
　（40633）

序1

　　浙江安吉，竹林历史悠久，是"中国第一竹乡"。改革开放至今四十余年以来，安吉以竹产业为主导，实现了由毛竹材种植→竹制品加工→文创类竹制品营销等产业形式的转变。伴随浙江北部地区工业化进程的深入推进，安吉乡村逐步形成了地域特有的产居形态，即附带竹制品生产性用房的自建住宅，简称"坊宅"。坊宅从其萌生经历了不同的发展阶段并形成独特的竹乡风貌。

　　坊宅演进反映了安吉农人生活方式的变迁。从地域农人日常行为角度入手，以安吉碧门村坊宅为研究对象，仲利强老师的研究通过空间测绘、行为注记及日志调查等方法，为我们呈现了浙北地区乡村人居的特有图景，解读了空间背后的行为学发生机制。其研究不仅是对中国当代乡土建筑研究的一种补充，而且通过剖析"行为—空间"的作用机制，提出了充分尊重农人生计需求，并通过厘清日常行为转变规律揭示空间演进秩序等观点，拓展了经济发达地区乡村农宅空间研究的视野，对建设"产—村—人"和谐乡村人居环境提供有益参考。作为发轫于20世纪80年代浙北地区乡村工业化的缩影之一，安吉碧门村坊宅的发展经验也为乡村振兴发展提供了案例参考。

　　作为承载固定人群生产、生活需求的空间单元，坊宅能够折射出农人的行为模式，其空间演进的内生动力是农人对空间的欲望（spatial desire），其含义不等同于建筑领域的空间规模需求，而是对自身生存空间的需要，如住所、场地等。空间欲望只有和外部驱动力相协调后，才能成为乡村设计可以直接应用的空间需求（spatial demands）。在具体实践中，农人在社会交往中通过日常行为呈现给其他主体，并在这一社会化过程中配置自然资源，形成行为习惯，如生产生活方式等。农耕时代，我国农人采用人力、畜力方式生产，耕作半径内的农业产出决定了乡村人口和村庄规模，即耕聚比（金其铭，1988）。同时，多户农人的行为模式促成了有机的聚居形态：农宅既有生活又有生产功能，附在田边，形成"农业生产+居住"的形态。自20世纪80年代以来，我国经济发达地区乡村工业化迅速发展，百业兴旺，传统农人职业分化且空间欲望分异，致使自建农宅的功能组织方式的差异凸显，越来越多的农人放弃农宅中农业生产功能，致使宅院配置变化并影响整体形态。作为我国传统优势城镇工业化聚集地之一，浙北地区乡村原有的"宅田相依"图景中掺杂了第二、三产业身影，这种"渗出式"的建造改变了原有农宅空间，通过"工商业+居住"行为内容的重塑并形成坊宅。农人日常行为的新特征使得商业市场和市镇经济日渐成熟并形成商贸文化。在这里，日常行为与坊宅的博弈状态从"不平衡"转向"平衡"。

营建与日常行为匹配的坊宅空间是经济发达地区乡村振兴的关键内容之一。当前乡村空间实践中，不少"自上而下"的标准式的"范式"规划脱离实际，远离农人日常生活，难以保证日常行为与坊宅空间的适配性，反观"自下而上"的个性化的"自发"设计却能够满足农人生计需求和日常行为使用，映衬出乡村生活的丰富内涵，体现出新农人的营建智慧。就像安吉坊宅一样，源自地域农人生产生活行为偏好的空间形制独具特色，由此构成的乡村空间充满丰富性，这才是值得我们从中感悟和体会的要义。

浙江大学　王竹

2022年9月

序 2

在经济双循环发展背景下，如何实现"产—村—人"的可持续发展目标，是当前我国乡村规划与农宅设计领域的关键问题。本书是仲利强老师长期扎根浙江乡土、深入调研解读的成果。本书聚焦浙北地区乡村农人日常生活和行为，解读地域坊宅空间演进机理，选用环境行为学的研究方法梳理了乡村人居环境的当代性特征，将环境行为学的行为注记和与建筑学擅长的空间分析融合为一种本体论意义的"测度"方法，对于建筑学、环境行为学等领域的人居空间研究具有一定启示。

本书也是仲利强老师基于地域建筑学研究路径下的一次可贵探索。作为该领域的研究者，在此有必要阐明三个基本问题。

首先，这部专著从环境行为学视角切入乡村农宅建筑，基于行为注记、活动日志等方法详尽展现了乡村新农人生活和日常行为的变迁。日常行为内容及结构的易替是主线，产居空间是载体，坊宅系统化排列是研究的具体目标。研究建立了"人—行为—空间"的分析框架，基于此，坊宅空间就无法简单地用几何原型归入传统建筑学的形态类型的区划，因此，行为学要素的分析范式帮助建筑学完成了坊宅系统化排列这一任务。换句话讲，由于建筑学的介入，坊宅空间成为环境行为学有利的物质证据，当其他学科学者读这部专著时，都会对浙北地区乡村农人生活的过去与现在有直观恰当的认知，这也是学科交叉研究的一个亮点。

其次，就建筑学而言，该部专著调查了浙北地区乡村坊宅并补充了地域建筑类型学的空间分析方法。与一般类型学的研究不同，作者抛开传统意义的建筑平面、立面分析，而是通过行为内容、结构及场景等，展现了一个受日常行为制约的乡村产居建筑模式产生、演绎及变异的过程。行为注记法将不同类型的生产、生活行为结构化，并基于此对坊宅进行系统化排列，这种研究附加了新农人日常生活的印记，使得研究成果更加生动和具体。至此，从生计来源和日常行为来区分不同的坊宅模式，使得我们在识别浙北地区坊宅的时候，不仅仅依靠其空间构件组织的"繁简"来区别，而更加看重源于使用者日常生活的真实"模样"，对当下乡建热潮的反思具有启示作用："丰富"倾向的空间形式正在被反复、义无反顾地复制、生产、推广，而关于空间使用的适合性或匹配性则被抛在脑后了。

最后，"行为—空间"的机理研究需要回归对建筑学学科的研究。该部专著讨论了浙北地区坊宅的系统化排列，思路是利用环境行为学的研究方法解读建筑学的知识内核。从竹产业迭代视角推出了建筑学讨论的物质载体——坊宅的演进，通过日常行为谱系的建构完成了建筑学的空间分析，行为偏好是核心，竹产业相关多种农人的生活成就了坊宅的建筑学意义上的系统化排列，构筑了浙北地区竹乡人居环境的印象。事实上，坊宅模式的基础就是农人因生计之需所产生的营建活动，因此，对新农人生活和日常行为的梳理是完成研究的关键。

浙江工业大学　陈前虎

2022年9月

前言

　　我国身处全球化发展浪潮之中，给地方传统带来各方面冲击。功能主导的现代建造体系对以多适为特征的乡村人居环境产生巨大侵蚀。从我国经济发达地区乡村的空间实践来看，农人日常行为和农宅空间之间的失配及冲突现象日益凸显，如何改良规划设计方法，营建与日常行为匹配的可持续农宅空间，是实现农人家庭福祉最大化目标的保障。

　　撰写本书是希望读者们能了解"自下而上"的农宅实践，明白与日常行为匹配的宜业适居农宅至关重要。具体而言，本书的目标是基于乡村振兴和共同富裕理念制定一个适宜的产居单元系统化排列方法，既能区分不同规模等级的客体空间，又能兼顾划分不同影响力等级的地方场所。这一挑战也需要使坊宅具备栖身庇护的职能，同时还具备彰显地方文脉的职能，以及再进一步，使坊宅发挥应有的地域特色——在经济发达地区的乡村，坊宅不仅作为一个建筑物存在，而且为宏观层面乡村结构的建构作出独特贡献。

　　当前我国乡村农宅实践活动非常活跃，在各类活动中出现了直接搬用类似城市住宅的产品、功能划分精致的制式户型，导致出现"千村一面、千宅一面"的现象，导致农人多样化的生活需求难以得到满足。因此，我们应该超越"重物轻人"的认知逻辑，建立"以农人为本"的设计理念，厘清两种理念的分歧点。本书试图重新审视当下乡村建设中"依赖"成熟工程性规则的做法，从农人出发，从农人生活介入，从农人日常行为内容入手，梳理农人日常行为谱系并探索它们与空间组织、结构之间的因应性。

　　自2013年起，我便一直关注和参与浙北地区乡村人居环境的研究与实践，在多年田野调查过程中，通过驻村调查获取了地域农人日常行为及农宅空间的一手数据。通过分析，我发现与日常行为匹配的农宅空间有一定的共性，同时也存在个性。步入21世纪20年代，这些农宅又显现出新的时代特质。本书精选安吉碧门村21户从事毛竹初加工、竹制品生产及竹工艺品营销的、附带生产性用房的自建住宅为样本（即"坊宅"），从日常行为视角解读其生成机理。这些坊宅有的设计得很完备，各方面细节做足了文章；有的仅仅是"凑合的、未完成的"设计，甚至看上去很简陋。但是，在我眼中，只要是和日常行为匹配的就是好的，"低成本的但适合生计需求"的设计更值得借鉴，这也是坊宅的设计原则——宜业且适居。因此，本书旨在记录和描述地域农人为了满足生计需求不断优化、调试农宅空间的营建过程。同时，提醒相关建筑师、规划师，当下乡建热潮方兴未艾，我们应该认真观察、冷静思考并掌握不同地域农人生计新需求和行为偏好，揣摩"行为—空间"的内在机理。这是确保乡村空间可持续发展的科学基础。

简单来说，本书的叙述逻辑是：第1章为背景与问题，介绍研究背景、科学问题及实践意义；第2章是综述与概要；第3章描述农人与生活，解读乡村农人的各种生活模式；第4章阐述行为与链图；第5章透过场景及其构成解读居室；第6章是系统与模式，即归纳坊宅模式的系统化排列和场所感；第7章为结论和讨论。

读者们可以选择从头阅读，因为本书的思路即从现象描述到机理解析；也可以选择从更感兴趣的章节入手。在这个过程中，读者将逐步发现"行为—空间"的内在关联，也会发现实践中农人为家庭生计和生活福祉而做出的"最恰当"的设计，体会到他们为了家庭而真实设计的直观感受。如果这些感受能够让读者对于坊宅空间设计产生更多新的想法，能够设计出更适宜生产和生活需求的农宅空间，于我们也是一件幸事。

目录

1

背景与问题

1.1　农宅与坊宅

农宅是乡村人居环境的核心要素，是地域规划、设计及管理的基本单元。农宅用地是农人家庭生产生活的地块，是乡村建设用地中最重要的组成部分之一。因此，农宅空间的建成质量直接影响乡村人居环境的效率和特色。20世纪80年代初期，我国辽东、胶东、苏南、浙北四大工业集聚地步入快速发展期，同时，其周边的乡村工业化水平迅猛提升，村庄百业兴旺，农人多样化的生计需求在地方产业增长中不断被放大，生活方式的转变成为新一轮乡村空间巨变的核心驱动力。农宅是承载了农人日常生活、生产行为的物质载体，而在浙江北部地区乡村中附带生产用房的自建住宅，即本书的研究对象——坊宅，则是非农产业迭代过程中重要的人居单元代表之一。

21世纪初，我国乡村建设步入高涨期，以浙江为例，美丽乡村、千村示范、环境提升等实践活动促进了地域乡村空间建设快速发展。乡村空间建设追求效率，而许多经过统一规划的农宅空间似乎并不能受到农人的青睐。多数新规划农宅生产空间规模不足、布局雷同，不能满足农人多样化的生计需求，是造成前述现象发生的原因。难道严整规划的同一性农宅比起那些自由生长的"原初"空间而言，更加没有生命力？究其原因，是因为当前新规划设计的农宅多取自于城市LDK①式住宅、西方独立式住宅或别墅等产品户型，强调空间的专用性而忽视了空间的可转换性，致使系统空间无法匹配农人需求和日常行为的变化。

近年来，我国中央一号文件多次强调建设"产业兴村""宜业乡村人居"的重要性，重视人、产业等要素在乡村空间建设中的内生源动力。以经济发达地区的乡村坊宅为例，与农人生计和日常行为模式相对应的是具备生产职能的"坊②"空间，亦是推动乡村地方产业迭代升级的物质载体。农人日常行为模式的改变极大改变了"坊—宅—场"之间的配置关系，激发了坊宅的形态迭代，这意味着对乡村宅基地供应、分配、使用及管理等方面提出了新的要求。

与此同时，乡村基层也积极关注并展开坊宅相关优化设计策略的制定工作。以浙江北部地区为例，多个部门联合出台了相关政策，从解决农户生计需求角度明确坊宅的空间规划准则。此后，不少地方的乡集体也出台了相关制度，内容涵盖土地流转、宅基地批准和监管等方面。同时，学界围绕着农人的"新"生计需求和对应的坊宅规划政策展开讨论。

---

① "LDK"名词解释："L"代表起居室（Living Room），"D"代表餐厅（Dining Room），"K"代表厨房（Kitchen）；LDK源于日式住宅设计，即客厅、餐厅、厨房一体化设计。

② 坊，fáng，某些小手工业者的工作场所。

1.2 新农人群

浙江北部地区乡村非农产业的兴旺发展与相关产业农人的生活及行为模式密切关联。非农就业的新农人的日常行为特征显著区别于传统农人：以"居家劳作、雇工加工、在线网销、文创兴农"等为代表的新兴行为模式催生了全新的空间需求。区别于早期以农林产品初加工为主的生产方式，当前新农人群越来越注重研发、生产、加工及销售高文化附加值的产品，使之成为乡村新兴产业增长的支撑点。与此同时，新农人群亦倾向营造健康、绿色的生产空间，同时期望便捷、舒适的生活空间。因此，"宜业适居"的坊宅环境是今后经济发达地区乡村农宅建设的方向。

笔者研究团队经过长期的田野调查发现，我国浙江北部地区拥有丰厚的竹业资源、先进的竹制品加工设备和健全的文化旅游服务设施，这些都是地域农人已然拥有的工作和生活环境特质。以湖州市安吉地区为例，该地域产业中生产空间的清洁度、文创类竹制品的品牌知名度、村镇居住空间及设施的便利性等核心要素更加符合新农人群对工作、生活方式的追求。近年来大量出现的"创意小镇""生态乡村"等新的地理空间，均体现出了新农人群对人居环境健康化的需求。

浙江北部地区乡村非农产业发展的不确定性使得新农人群的生活和行为模式充满了灵活性，即需要在生产过程中体现营销和管理的灵活性，这一特点对生产空间提出新要求，并体现在坊宅的日常使用层面。从新农人的日常行为视角分析，区别传统农业种植业，当前，我国乡村中第二、三产业产品的生产技术的快速更新和升级，促使地域新农人的生产行为节奏发生显著转变。具体来讲，新农人日间从事体力劳作的时长日渐变短，与此同时，涉及农产品加工的操作步骤越来越多，产品的文化附加值日渐丰富，这些行为活动特征的变化均促使新农人在从事相关产品跨区域销售、地方品牌建设等方面更加多维，其实施空间也更加弹性化。因此，原有的劳动密集型产品生产已经转变为集产品设计、加工、品牌培育和网络营销等多环节密联的生产过程，绝非以往三五个农人简单配合即可完成。因此，新农人生产行为偏好对生产空间的可转换性、层级性要求更高，并展现出生产劳作与居住、商业服务等功能的高度融合。

伴随城乡融合发展的深入推进，浙江北部地区乡村中的产品加工、货物贸易、民宿旅游等第二、三产业日渐强大，促使地域空间职能朝着多样化方向转变。与此同时，地域新农人群非农就业占比和规模不断扩大，各种人才的层次越来越高，带来乡村人口结构的升级并进一步推进高品质生产、生活空间的飞速增长。此外，在国家生态发展观念引领下，乡村新农人群也开始注重地方产业的生产流程中安全、清洁、资源循环等环境问题，在这些关键转变的驱动下，坊宅空间的职能和品质不断向健康建筑方向发展。

1.3 问题与意义

1. 科学问题

经济发达地区乡村农人的非农就业致使农户家庭生计需求变化并引发日常行为模式转变，进而驱动了坊宅空间的演进。乡村坊宅是农人日常行为和客体空间的异质同构体，解析行为—空间的作用机理，建立适宜生产、适合居住的坊宅空间设计系统，形成具有地域特色的人居空间成为本书研究的科学问题。具体而言，这一科学问题包含两个要点，即"行为—空间"的适配性和坊宅空间的受控演进。

（1）"行为—空间"的适配性

当前乡村坊宅空间实践多基于"标准化"设计思想，建筑内部生产空间功能固化、多变性差，难以满足灵活生计的需求，建筑外部遵循强规制，空间尺度分异、多适性差，且与内部空间缺乏关联等现象频发。究其原因是空间与其承载的新农人日常行为失配所导致的，即"整齐划一"的生产生活空间不能够满足乡村农人家庭非农生产行为多样化的需求。笔者认为，客体空间要素投入对乡村坊宅发展的推动到一定阶段就会出现与日常行为失配的问题，需要制定空间优化设计策略，促进空间要素与日常行为适配，这也是实现动力转换、推动乡村坊宅可持续发展的关键条件。

（2）坊宅空间的受控演进

乡村坊宅空间的受控演进即依据新农人的日常行为谱系提出一种适应性的坊宅系统。本书通过厘清农人需求进而归纳不同行为结构特征，从而提出坊宅空间的系统化排列，总结坊宅模式与场所感，预判其未来的演进方向。

2. 科学意义

本书主要研究经济发达地区乡村新农人的生活是如何开展的，承载生活的坊宅空间是如何演进的。基于前述的"行为—空间"机理这一科学问题，其研究意义分述如下。

（1）学科意义

本书从日常行为视角审视建成环境学科的空间设计理论，揭示新农人行为模式和坊宅之间的作用机制，通过记录、描述新农人日常行为嵌入坊宅空间演进网络的具体路径，描绘经济发达地区乡村语境下"行为—空间"这一核心议题的鲜活图景。这是支撑坊宅空间优化设计策略走向科学的新范式。

（2）实践价值

制定与新农人日常行为模式匹配的坊宅空间优化设计策略是乡村人居环境的必然选择。本书基于实态调查，归纳新农人群日常行为偏好，厘清坊宅空间演进规律，对乡村人居环境设计规范和标准的制定具有实践参考价值。

（3）社会价值

基于新农人群日常行为模式来解析乡村坊宅的空间构成机理的思路，有助于保持乡村地域禀赋，传承家园精神，有利于促进传统农民向现代产业型农人转变，有助于提高家庭福利水平和优化家庭资源配置，有助于促使传统村庄向现代乡村社区发展的整体转型。

2

综述与概要

2.1　研究综述

　　乡村农宅作为乡村农人开展各项生产生活行为的场所和农区人地关系的表现核心（金其铭，1988），在过去几千年的农业社会中一直是人类聚居的基本单元（费孝通，2001；鲁西奇，2013）。在传统农业社会中，乡村农宅用地及职能相对单一。改革开放以来，经济发达地区的乡村工业化推进农户生计方式发生转变，促使乡村农宅打破固有模式。步入新世纪，伴随新型城镇化的推进，乡村农宅用地的内容、类型及形态呈现出多样化的特征。

　　与此同时，以建筑学为代表的建成环境学科针对乡村农宅的研究也由原来单一的"设计下乡"式的指导性研究，逐步转向"自下而上"的，广泛收集、调查、描述并解析乡村农宅空间演进的基础性研究。在这一过程中，诸多学者的研究焦点呈现出由客体空间属性到主客体内在机理的研究转变：即从早期的解析农宅客体环境、设施及"硬"技术等内容，逐步拓展为解析生活方式、家庭结构及居住行为等主体要素与乡村农宅之间互动关系的研究。从研究学科分布来看，城乡规划、风景园林、地理等学科逐步与建筑学学科交叉融合，展开深入研究。本节将分阶段介绍相关内容。

2.1.1　客体环境研究

1. "指导性"研究

　　自改革开放至20世纪末期间，我国乡村农宅研究步入"学科自主"阶段。为解决农宅建设早期阶段中存在的房屋质量差、滥用土地等问题，国家和地方分别组织了多次乡村住宅设计竞赛，形成了由建筑、景观设计师为主要参与者的"设计下乡"或"竞赛下乡"（黄一如等，2017）。本时期的竞赛成果成为乡村农宅研究的重要素材。通过对设计作品的解析可以发现，这些乡村农宅设计：①强调家庭为单位，力求独立的厨房和卫生设施；②将院落空间纳入设计内容；③强调生产生活空间功能的混合并置；④空间形态的多样化设计；⑤新型建筑技术的运用。

2. "硬"技术研究

　　20世纪末期至21世纪初期，越来越多的研究人员聚焦如何经济地建造农宅，保障住房质量和人身安全，因此农宅的"硬"技术研究成为焦点，主要包括节能减排、建筑结构及安全质量等物质方面的研究。在农宅建设实践中，由于长期以来采用缺乏专业建筑设计人员指导的自建房模式，导致住宅用材不合理、施工技术落后等问题，最终造成能耗巨大，因此节能策略的研究更具有必要性和紧迫性。诸如墙体保温（王玉良，2010）、屋面构造节能、平改坡及屋面绿化等（杨子江，2007）。此阶段研究缺乏对农宅空间要素的思考（周静敏 等，2011）。

2.1.2 与外部要素机理研究

步入21世纪第二个十年，乡村农宅相关研究开始反思设计与生活方式、家庭结构及居住行为等要素的关系，并且有了客观而深刻的认知。农宅研究聚焦提升农人生活品质、农宅户型产品开发、村庄规划和管理措施制定等方面。近年来，越来越多的学者意识到该研究的重要价值，随着不同学科交叉合作，使得农宅空间研究展现出多样化的发展趋势。

1. 与生活方式的关联

日本住居学先驱吉阪隆正（1965，1984）提出居住生活的三种类型并提出居住场所的同心圆空间结构理论；韦娜、刘加平（2011）指出农宅空间设计不能脱离本地居民的经济收入水平和生产生活方式。胡冗冗、石峰、何文芳等（2009）认为需要研究农宅空间与主体生活需求之间的联系，引导空间顺应生产生活方式良性发展并提出一系列更新改造策略。白皓文、吕晓蓓（2014）认为当前许多照搬城市空间形态理念进行设计的农宅，本质上是对农民生活的颠覆，提出农宅空间营建应该尊重农民生产和生活方式。金乃玲、陈欣然（2021）通过提取现代生活模式概念，对不同需求的农宅分别进行改造更新，探讨现代生活模式下的农宅改造策略。

2. 与家庭结构的关联

平井圣（1992）从日本家庭变化与住居形式对应关系来说明家庭空间与居住行为的关系；白滨谦一（2001）总结日本人居住形式发展过程，认为家庭结构引起居住方式的变迁，如小家庭制度的居住方式和个人至上的居住方式。

此类研究还有农户户型空间设计（虞志淳，2010）、农宅及邻里空间中有机更新理念和设计策略（王竹，2015）、从家庭居住模式角度分析农宅空间优化设计的研究（付本臣，2014）、对转型期乡村个人行为和居住环境转变的研究（李斌，2013）、从农人主体的自发性建造行为视角阐述农宅空间演进的研究（段威，2020）。

3. 与居住行为的关联

作为解释人与居住空间互动关系的重要桥梁，居住行为的相关研究历来是人文地理、社会学和建成环境学科等领域的重要内容。

（1）宏观层面居住行为的相关研究

首先，不少学者聚焦特定类型居住行为的研究。如冯健等（2004）和徐涛等（2009）对通勤行为的研究、孟斌（2013）对出行行为的研究和桂晶晶等（2015）对休闲行为的研究，还包括对特定人群的生活行为研究，如孙樱（2001）对老年人的研究、许晓霞（2012）对女性群体的研究。上述研究的方法重视结构方程和次序Logit模型等的定量分析，而对于居住行为与环境之间的互动关系研究仍显不足。

其次，还有不少学者关注居住需求及变迁的研究。冯娟（2008，2015）以行为决策和需求理论探讨乡村主体行为的变迁，并对武汉市新洲区3个样本村进行实证研究。张玉洁等（2006）分析了城镇化过程中乡村个人和家庭迁移的模式，并在江苏进行了实证分析。李君（2008）对河南省3村346户农户的迁移行为进行了实证调查；张玉洁等（2006）分析了城镇化过程中乡村个人和家庭迁移模式，并在江苏进行了实证分析；王成等（2001）、姜广辉等（2006）着重探讨农村居民点的分布、变迁及其与行为模式之间的关系。

（2）微观层面居住行为的相关研究

还有学者从微观家庭层面解析乡村空间的优化策略。如家庭、农户等微观空间的功能更新及形态设计（骆中钊，2001；虞志淳，2010），家庭生产、生活空间的生态节能（王舒扬，2009；王竹，2013；王玉良，2010）设计等，从生活行为角度分析家庭空间的优化设计等（尹朝晖，2006；付烨，2010；李斌，2013；付本臣，2014）。

此类研究多从微观视角展开乡村主体日常行为及空间演进研究，如余斌（2017）通过描述乡村主体日常生活和休闲行为解读空间的发生机制；何韶瑶（2017）探究乡村建成环境要素对村民生活行为的影响；赵雪雁等（2018）采用生活日志、问卷调查方法解析了西北地区农村儿童日常生活时空间特征；蒋金亮等（2019）采用GPS定位和活动日志法获取数据，描述居民日常行为轨迹，提出在时空间行为支撑下乡村空间规划方法。此类研究虽然采用时空间行为的技术和方法采集数据，但是仅对行为特征作简单描述，并未定量解析空间要素的作用权重。

2.1.3 研究启示

1. 不同学科研究特点

通过文献综述发现，地理及社会学科的学者多侧重于探查主体日常行为规律，以动态"活动"概念为核心，但受自身学科限制，该领域研究的空间表达能力较弱，无法很好勾勒我国新城镇化复杂多变的图景。而建成环境学科学者则侧重于研究空间设计品质，研究视野受限于实体空间，未能将隐藏在物质空间背后的行为模式等因素纳入乡村演进的分析框架中。由于受到单一专业视角与方法的局限，同时关注两方面相关性的交叉学科的研究还比较少见。

2. 交叉研究的倾向

当前经济发达地区乡村家庭非农生产行为"盲目跟风"、空间建设无序速生且仅流于表面、空间与行为选择不匹配等问题凸显。因此，亟须深入行为发生机理层面，深刻理解空间建设内在规律，规范空间实践的程序，促进乡村人居环境可持续发展。在这个领域，存在以家庭结构分析农宅空间优化设计方法的研究（付本臣，2014），也有对转型期背景下，乡村个人生活行为和居住环境转变的研究（李斌，2011，2013），还有对农户生活行为和环境实态调查的研究（付烨，2010）。相关研究给我们带来很多启示，其团队构建了基于个体日常行为偏好的城镇公共设施空间研究范式，深入探讨个体行为与空间之间的互动关系，解读空间结构和形态的生成机理。

3. 研究的核心问题

综上，日常行为视角下的坊宅空间和建成环境学科视角下的乡村人居空间，可以共同导向一个基本问题：如何基于农人行为特征营建可持续的系统空间并推进两者之间机理和效用的并行研究。在乡村人居空间研究领域，我国经济发达地区农人日常行为与农宅空间的作用机理并不明晰，客体要素影响日常生产、生活行为的发生、持续及转换的具体机理研究尚浅。而蓬勃发展的时空间行为方法和技术已经在城市领域取得了众多具体而且深刻的研究成果，为城市住宅空间更新及优化作出重要贡献，其拥有的独特优势有望为乡村农宅研究和实践提供新的思路。因此，利用时空间行为方法和技术描述乡村农人日常行为特征，并研究空间要素制约下的行为选择机理，将为注重"以人为核心"的乡村农宅空间营建策略提供更科学的指导。

2.2   研究设计

2.2.1   研究目标

本书研究的总目标为通过分析收集到的行为调查数据，建构浙北地区乡村典型坊宅的系统化排列，并提出未来进一步演进的方向。研究的具体目标包含以下内容。

（1）建构日常行为谱系：描述包含竹农人、竹匠人、竹商人、竹创客及竹白领五类农人的日常行为胞元内容和结构，并建构日常行为谱系。

（2）解读行为场景：比对并解读分析不同坊宅中的日常行为场景。

（3）坊宅系统化排列：依据行为偏好建构坊宅的系统化排列和场所感特征。

2.2.2   研究内容

本书以安吉地区碧门村典型农人及其家庭为调查对象，调查内容主要包括：

1. 农人生活及作息调查

（1）农人生计来源：获取典型农人的家庭人口构成、结构、代际、生计来源及经济收入等社会经济属性数据，为区分农人类别奠定基础。

（2）农人生活作息：获取不同农人的日常行为组成、时段、时长等数据，为归纳农人作息模式奠定基础。

（3）农人活动领域：获取不同农人日常行为的活动地点及领域等数据，得出典型群体的生活特征，为归纳农人生活模式奠定基础。

2. 日常行为调查

（1）日常行为胞元

记录不同农人各类日常行为胞元，如劳作、加工、营销、个人必需、家庭互动及社会交往等不同类别的活动内容、发生频次、时长及时段，以及农人对各项行为活动的满意度等数据，从而获取不同农人行为偏好及其对活动器具、空间环境的个性需求。

（2）日常行为结构

获取不同农人各类日常行为中的活动参与人数量、互动层级数、活动空间边界等要素，并绘制各要素之间的关系，为归纳日常行为谱系奠定基础。

3. 坊宅空间调查

（1）宅院空间

记录典型坊宅的生产空间即工坊、生活空间即住宅、院落和场地之间的配置关系等数据，为比对不同的坊宅模式奠定基础。

（2）居室空间

内容包含坊宅居室的空间数据。首先，记录包含柴房、工坊及工场在内的生产空间及室内外设施等平面数据；再次，记录包括堂屋、待客室、起居室、餐厅、厨房、卫生间、储藏间、卧室、更衣间、书房、工作间等居室空间平面数据，为归纳生产、生活场景奠定基础。

4. 场景解读

此部分内容侧重"行为胞元—居室空间"的机理解读。借助"场景"概念，本书选典型坊宅片段空间为样本，描述并解读不同农人在日常时间尺度上活动及建（构）筑物的组合关系，结合"行为地图"和照片影像的观察记录，比对分析坊宅中工坊、堂屋、侧屋、边屋等居室空间的位置、规模、设施布局等，进而归纳不同场景对不同农人的实用意义，为坊宅的系统化排列奠定基础。

5. 坊宅的系统化排列

此分项内容侧重"行为结构—坊宅模式"的机理解读。借助"空间层次""场所"等指标和概念，本书选取了21处坊宅样本，描述并解读不同农人在长时间尺度上的活动及坊、宅、场的组合关系，比对分析不同坊宅模式即空间形制对不同农人的实用意义，为坊宅进一步的演化方向作出假设，同时提出空间优化设计策略。

2.2.3　调查方法

1. 获取数据的方法

为获取农人社会经济属性、日常行为胞元组成、坊宅空间等基础数据，本书采用了以下研究方法：

（1）问卷调查

研究中主要采用了实际行为调查（RP调查法）和意向行为调查（SP调查法）两类方法[①]。首先，研究采用了RP调查——典型农人活动日志为主调查内容。本研究的活动日志调查包含预备调查、正式调查、补充调查三个阶段，其中预备调查是为了修饰完善调查问卷，确保问卷适用度；正式调查采用调研员携带纸笔、便携式计算机等设备工具，进行入户调研；补充调查指在数据初步整理过程中，针对个别缺损、不实的数据进行现场复核等工作。其次，研究针对不同农户家庭的居住满意度进行了SP调查。

（2）半结构式访谈

本书采用的半结构式访谈法，是介于结构式访谈和非结构式访谈之间的一种调查方法，它比结构式访谈更具弹性。具体而言，本方法的操作要点包含：第一，调查人员先经过培训，筛选归纳要研究的主题及关键词并编制一份访谈指引；本研究以不同农人日常行为活动为主题，以"生计来源""劳作""加工""营销""必需""互动及社交"等为关键词；第二，在访谈过程中根据主题和关键词灵活发问，还可以讨论延伸出的新问题；第三，在访谈过程中，调查人员需要借助录音器材、笔、纸等工具记录被调查者提供的各项数据。

（3）行为注记法

以拍照、现场记录方式在地图上定位新农人位置，论证行为空间关系，包括：①根据预

---

① RP调查法（Revealed Preference Survey），即揭示嗜好调查，一般针对某些已经实施的政策或者已经存在的设施进行相关调查，需要被调查者根据他们的实际出行行为填写调查表或问卷，获得实际使用或接受的概率，在此调查结果基础上建立相关的概率模型或其他模型，是目前进行交通出行行为特征调查的常用方法。RP调查的最大特点在于调查的内容是已经发生过的事情。
　SP调查法（Stated Preference Survey）是指通过设计合理的调查方案，确定人们在假想条件下对多个方案表现出来的主观偏好。SP调查法起源于经济学领域，后在交通研究领域得到较为广泛的应用，当前不少城乡规划设计领域的学者采用这种调查方法，特别是在居民选择行为的调查研究中。

设行为符号，将新农人作为点数据，定位到提前绘制好的坊宅空间地图上；②记录新农人行为活动方向、持续时间、使用器具等信息；③将不同记录数据比对分析。

（4）入户测量法

调查人员通过入户摄像、拍照等手段，记录坊宅中工坊和住宅的现状，并使用卷尺确定核心居室尺寸，整理各项数据，绘制坊宅的总平面图、各层平面图及家居布置图。

2. 分析数据的方法

（1）场景分析法

利用"行为—空间"的场景分析法，分析固定空间环境和重复出现的活动之间的联系，通过图示符号分析日常行为偏好和坊宅空间特征的互动模式。

（2）统计分析

利用Excel、SPSS等软件对问卷数据进行分析，解析活动和空间信息的相关性。例如，采用主成分分析测量农人对居住的满意度，步骤包括：收集基本数据；计算平均满意度，选择低于平均满意度的影响因子进行主成分分析；经计算获取主成分并进行因子权重计算。

2.2.4 调查流程

本研究经历了"提出问题—分析问题—解决问题"的过程，换句话讲，包含了"前期准备—数据收集—解读分析"三个阶段的工作。

1. 前期准备

一项合格的调查需要有充分的前期准备工作以保证研究工作的质量。此阶段的工作包含两方面的内容：一方面在田野调查过程中逐步明确研究内容、主体、对象，确定研究的方式、技术手段等；另一方面是进行预备调查，以了解研究的背景资料、检验及完善调查方法的效果等。总体来讲，此阶段工作以文献回顾、资料收集、开放式访谈及外围式观察等方式展开。

研究团队采用了调研问卷设计、预备调查、空间测绘等方法展开调查。本书中的研究工作自2015年底便已开始，源于笔者在读博士后阶段参与的安吉碧门村"美丽乡村"精品示范村规划设计项目，该项目由浙江大学乡村人居环境研究中心主持展开。笔者有机会与合作导师王竹教授及其团队一起开始调研该村基本资料，预备调研工作。前期准备阶段的具体内容包含：

（1）搜集浙北安吉坊宅空间的基本资料，选取坊宅建设实践中，市、镇、村等各级政府管理人员及相关农户进行半结构式访谈，获取有关乡村农宅宅基地分配、建设规模、样式标准及流转管理等方面的情况，整理农人日常行为的基本情况。

（2）在村委鼎力支持下，针对碧门村下辖五个自然村典型坊宅建设现状进行拍照、摄像及实地测绘工作。

（3）研究团队进行非参与性观察，目的是发现坊宅在使用中的具体空间问题，形成基本直觉认识，并且对调查问卷、活动日志的设置内容、格式、语言习惯等问题形成初步印象。

（4）组织调查人员进行预调查以检验问卷、行为注记等研究方法的有效性。

2. 数据收集

此阶段属于研究的实施阶段。本书中的研究数据通过访谈、问卷、行为注记等方法收集，具体包含：

（1）农人生活作息数据收集

此方面的数据主要是通过活动日志法获取。活动日志法的实施过程包含：

首先，以"被调查农人早上起床至当日晚上睡觉之间的时间段"为记录时段。

其次，拟以每10～15分钟时长为1个记录单元，记录不同农人各类行为活动的内容、活动时长等。

再次，在预调查过程中，研究团队尝试进一步细化记录单元，如缩减时长单元至10分钟以追求更细致地描述各行为活动内容，但在实际操作过程中发现，不同被调查者应答活动的精细程度差异较大，难以做到事无巨细，因此，在随后的正式调查中确定了时间单元精度为15分钟。

（2）农人典型行为数据收集

一方面，针对重点被调查农人的日常行为内容，采用行为注记、图形追溯及拍照等方式记录其内容、参与人数量、互动关系及使用器具等数据。另一方面，采用深度访谈等方法获得更为细致准确的行为信息。值得一提的是，在实际数据收集过程中，笔者及研究团队还发现，农人日常生产、生活行为具有较强的时节性，如在被调查的安吉碧门村，每年毛竹的生产旺季是2～6月和9～12月，其中竹农人及竹匠人等从事的毛竹初加工、竹席编织等劳作加工活动的操作流程大体一致，研究团队仅需要注意记录旺季各类行为发生时的使用器具、互动情况等属性，便可掌握该种行为的全年状况。

3. 解读分析

本研究采用类型学定性分析和统计学定量分析方法进行数据分析。农人日常行为和坊宅空间数据的分析工作主要采用类型学定性为主，同时以Excel、SPSS等分析软件进行分类基础上的定量分析，以探索性分析为主。

前述各阶段工作具体的开展时间如表2-1所示。由于安吉地区毛竹产业中毛竹材砍伐、销售的季节性特征，研究团队选择在春、秋两季展开具体调查，如此能够比较全面地记录被调查农人的日常行为特征及空间利用状况。

表2-1　　　　　　　　　　　　　　　　研究和调查时间表

	初步准备	预调查	正式调查一	正式调查二	正式调查三
调查方法	基础资料收集、开放式访谈、非参与式观察	调查问卷、半结构访谈等	调查问卷、行为观察、空间测绘等		深度电话访谈
调查内容	村地形资料、农户家庭社会属性、坊宅外观样式、建造时间、质量分布等	农人生计结构、行为规律、空间使用概况	活动日志调查、农宅空间数据获取		补充行为调查
开展时间	2015年12月~2016年5月3次，每次1个工作日	2016年5月~2016年6月	2020年11月~2021年2月	2021年3月~2021年7月	2021年5月~2021年7月

2.3 调查要素

总体来说，本书的调查要素包含乡村农人、日常行为和坊宅空间三大类。乡村农人要素包含不同职业的农人生计来源、作息及生活模式等；日常行为要素包含生产劳作、加工、营销、社会交往、家庭互动、个人必需等行为胞元；坊宅空间则聚焦坊宅客体空间属性如平、立及剖面等。

2.3.1 乡村农人

1. 农人类别

自20世纪80年代以来，安吉碧门村产业结构逐步由传统的竹林业种植向与竹产业相关的第二、三产业转变。在乡村快速的发展过程中，该村的社会结构分化亦较为明显。农人家庭生计来源由传统毛竹材、菌菇等农产品扩展为含竹凉席、竹工艺品等竹制品加工、销售和营销等多种来源，因此很多家庭的劳动力选择了收入更高的各类非农生产，并逐步演进为不同阶层，即形成了新型职业农民，下文简称"新农人"。新农人在生计来源和生产方式方面表现各异，他们占有的经济、文化资源差距也很大，因此行为内容和偏好各不相同。结合本研究所做的问卷调查，本书将安吉碧门村的新农人进行了划分，见表2-2。

表2-2　　　　　　　　　　　　　　　　　　乡村新农人类别

	职业归属		
	第一产业（竹林业）	第二产业（加工制造）	第三产业（文创展示及销售）
被调查的新农人	竹农人		
	竹匠人		
	竹商人		
	竹创客		
	竹白领		
	其他		

2. 生计来源

新农人的生计来源包括传统竹林业、产品加工制造、文创展示及销售等多种行业，具体如下。

（1）竹农人。农人原意是指从事田间劳作之人，如农夫、农者、耕夫等，农人依靠土地养家糊口。而本书中的竹农人则是指安吉地区依靠毛竹林业维持生活的人群，他们以种植、售卖毛竹，竹制品初加工等为劳作方式。

（2）竹匠人。匠人亦称"工"人，是指从事各种手工劳作的人群。这些人都是自身具备某项技能并且需要依赖这种技能养家糊口的人，如工匠、匠者、匠手等称呼。竹匠人是指安吉地区从事竹制品加工、制造行业人员的一个通用性称谓。

（3）竹商人。商人是指进行商品贩卖的人，小本经营的称之为小商、商贩，资产较多的为大贾。本书中的竹商人是指从事竹制品加工、买卖的人群，他们原本可能是竹匠人，后来转型为兼职或专门从事买卖的人群。

（4）竹创客。创客本指勇于创新，努力将自己的创意变为现实的人。这个词译自英文单词"maker"。而在我国，尤其是经济发达地区乡村，创客是指返乡、在乡创业，从事文创、旅游等新兴产业的人群。本书中的竹创客则特指安吉乡村地区从事文化创意竹制品、网络销售、产品研发、竹文化品牌培育的人群。

（5）竹白领。白领指有较好工作经验、从事脑力劳动的职员，如管理人员、技术人员等。而本书是指安吉地区从事竹制品包装、销售、管理等工作的人群，一般来自本地或是附近村镇。

2.3.2 日常行为

结合既有研究成果，本书将乡村农人的日常行为划分为生产、生活两大维度。与此同时，依据不同职业农人从事的生产、生活内容的不同，进一步划分为劳作行为、加工行为、营销行为、个人必需、家务互动、社会交往及出行行为7个类别的日常行为内容（表2-3）。

表2-3   农人日常行为类别及内容

维度	类别	行为内容
生产维度	A 劳作行为	以从事传统农林业为主的体力型活动为主
	B 加工行为	以从事乡村工业为主的体力结合技术型活动为主
	C 营销行为	以从事咨询服务业为主的脑力及创造型活动为主
生活维度	D 个人必需	以农人个体的生理、基本活动为主
	E 家务互动	以农人家庭成员之间的基本活动为主
	F 社会交往	以农人家族成员之间的基本活动为主
出行及其他	G 出行行为	涉及位置改变等的行为活动

2.3.3 坊宅空间

本书的研究对象为带有竹制品生产作坊的乡村农宅，具体指浙北地区安吉乡村农户家庭满足其生产和居住行为需求的复合性空间，既要满足竹制品加工、展示及经营等生产行为，同时也承载家庭社交及个人必需行为。具体而言，坊宅空间的要素含居室、工坊及院落场地。

1. 居室

本书中的居室是指坊宅中承载生活行为的空间，具体内容如下。

（1）主屋。又称正屋，是承载农人生活行为的核心居室。乡村居住的房屋多强调朝向或与周边自然环境协调，例如在浙江北部地区，主屋以南北方向居多，或者依据周边山势确定朝向。一般来讲，主屋空间的开间尺寸多在3.80~4.00m。

（2）偏屋。又称旁屋、侧屋，是位于主屋左右两侧的居室，数量不一，其开间尺寸一般略窄，但也在3.60~3.80m。

（3）厕屋。又称茅屋或茅厕，是承载便溺行为的居室。早年间，乡村农户家中的厕屋一般不会建在主屋之内，多是建在主屋外部，位于不显眼的一旁或后面，单独建造。

2. 工坊

本书中的工坊是指坊宅中承载生产行为的空间，具体内容如下。

（1）柴房。又称"柴草间"或"柴火间"，多用作农人家中存储毛竹、竹梢、竹粉等的棚、厦或房屋，一般不和主屋相连，有时单独建造或与牲畜圈舍等合并建造。

（2）作坊。一般是指从事竹制品初加工的竹农人、竹匠人家中的简易工作场所。一般东西朝向，和主屋相连或独立建造。

（3）工场。一般指从事竹制品精细加工、营销等活动的竹创客、竹商人、竹白领等人群工作的场所，内部会有些中小型机器设备等。相比单个农人家庭中的工坊，工场的空间规模更大一些，空间形式包含四墙落地的单层或二层通高闭合空间、四面开敞的棚空间及场地等。

3. 院落场地

本书中的院落场地是指承载生产、生活多种行为的空地，具体内容如下。

（1）院即院落。安吉地区地处丘陵，不同院落的空间分异，有的由院墙围合形成，有的则结合山体、河流及自然坡坎形成开放场地。

（2）场地。是指宅院周边的场地，以及场地上的棚、垛等构筑物，主要为生产、加工、堆放生产原料、半成品及生活杂物等用。

值得一提的是，本书中调查的宅基地从现状实用角度出发，获取其规模、形态等客体属性，不关注宅基地的划分和管理制度等问题，因此，针对典型坊宅中个别样本（如样本05、样本18）的宅基地偏大等问题只关注其空间要素，其他不作深入讨论。

2.4 样本概要

为全面、准确地描述乡村坊宅，本书精心选取研究样本进行比对分析。本节内容为介绍研究样本，涉及自然村、邻里环境及建筑单体等不同的空间尺度。

2.4.1 村落概况

碧门村地处浙江北部的安吉县南，距县城9km，G235国道穿村而过，交通便利（图2-1）。村域面积10.20km²，山林面积1.16万亩，其中毛竹林7846亩，水田面积892亩，生态公益林4800亩，森林覆盖率达88%以上。碧门村依山傍水，环境宜人，下辖5个自然村，村民小组计12个，人口1780人。2020年农民人均纯收入44744.00元，村集体经营性收入161.18万元。

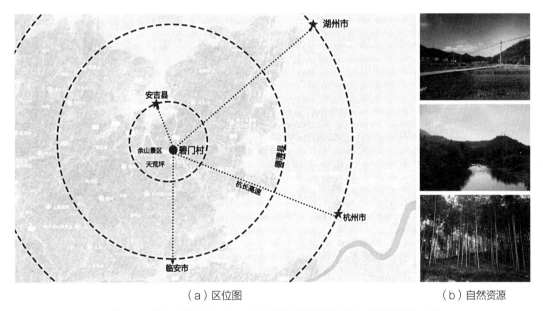

（a）区位图 　　　　　　　　　　　　　　（b）自然资源

图2-1　碧门村概况（来源：安吉县灵峰街道碧门村村庄建设规划文本）

笔者及研究团队于2015年冬初见碧门村，源于跟随浙江大学王竹教授研究团队参与安吉"美丽乡村"精品示范村规划设计项目。我们乘坐中巴车，从杭州向北出发，约40分钟便进入天目山的山峦之间。山间云雾缭绕，竹海茫茫，不时闪现在山腰间的砍竹农人，零星露出的山脚下红灰坡顶建筑群，以及穿梭在G235国道上满载毛竹的货车队，都是笔者对碧门村的最初印象。随着研究深入和田野调查次数增多，这个最初美轮美奂的山村逐步呈现出它真实的模样。

2.4.2　产业更替

碧门村作为安吉竹产业的重要部分，是浙北地区乡村工业化的一个缩影。20世纪70年代末，伴随以竹产业转型发展为代表的乡村工业化进程，村庄中的坊宅空间发生剧变，坊宅的空间形制与地域竹产业生产组织密切关联（图2-2）。结合浙北地区竹产业的发展历程，本书将碧门村四十余年变迁分为四个阶段。

1. 萌芽发展

20世纪70年代末至20世纪80年代初，碧门村产业发展定位为竹林资源的培育，关注毛竹低产林改造和笋竹两用林建设。政府通过贷款贴息和经济补助等政策，鼓励竹林资源培育，极大调动了竹农积极性，奠定了竹产业在乡村经济中的地位。本阶段竹产品以竹笋、竹建筑材料及传统竹日用品为竹产品的代表。同时，碧门村呈现出传统农人"背靠竹山面朝溪"的传统林业种植的生产图景。

（a）传统毛竹培育

（c）竹席加工生产

（b）毛竹初加工

（d）文创竹制品展示与销售

图2-2　碧门村产业演进

2. 快速发展

20世纪80年代中期至21世纪初期，伴随浙北地区竹制品加工行业快速发展，台资企业开始入驻并促成安吉乡村竹加工制造企业的兴起，其产品市场份额明显提高，市场竞争能力逐渐增强。以碧门村为例，1991年10月，礼遥竹制品有限公司编织出全国第一条机制竹凉席，此后带动村里掀起了一波工业潮，全村冒出120多家竹凉席加工作坊，最高峰时，外来务工人员有上千人，毛竹也从每100斤8元涨到48元。由此，碧门村发挥竹资源优势，率先走上了一条以竹制品深加工为特色"一村一品"的创业之路。

3. 蔓延增长

首先，在2000~2008年期间，浙北竹产业呈爆炸式发展，各地竹加工制造企业爆发式增长，竹产品种类日益完善，生产总值持续增长。同时，竹地板、竹纤维等高技术、高附加值产品出现。以碧门村为例，2005年家庭作坊兴盛，竹制品工坊增多；2008年，全村已有规模企业13家，家庭工业130余家，全村有98%的劳动力从事家庭工业，村年产值达到3.10亿元，村工业经济已成为全村经济的支撑点。

其次，在2008~2015年期间，竹产业成为地区发展的核心支撑点，地域农人的钱袋子确实鼓了。以碧门村为例，2014年村产业经济已成为经济支撑点，产值达3.50亿元。但是与此同时，受到金融危机、闽赣湘等地竹企业竞争等因素的影响，安吉竹产业的市场份额开始出现下降。碧门村竹凉席产业市场环境日趋繁杂，传统销售模式也开始跟不上市场的新需求。同时期，乡村环境中也出现了很多违章建筑，过度生产也带来了生态环境的破坏。

4. 创新发展

2015年至今，安吉地区传统竹席加工行业日趋衰落，市场份额和利润渐薄。有些竹制品企业开始注重技术创新，提高竹产品档次，延伸竹产业链，以内外市场并举等多种方式来应对困境。以碧门村为例，村里农人开始尝试文创、电商及竹旅等新兴产业，同时带动村级其他经济快速协调发展。原竹制品企业主沈金华瞄上了电商生意并开创了"山下手作"文创类竹制品品牌。其基本做法是基于传统竹制品加工的基础，结合产品展示、网络直播等形式增强知名度。在他的带动下，越来越多农人开始了电商创业之路。一开始，以竹凉席为突破口，后期又加入了各种竹子的衍生产品。

2019年，有两名新农人成功从单一竹凉席生产转型升级为竹工艺品生产，年产值均超1000万。2020年后，全村的竹席加工型企业逐渐关停，主动或被动从线下买卖转型到线上交易的工厂越来越多。目前，全村已有56家从事电商的农户，淘宝店铺多达60余个，从事电商行业的人口数占总人口数1/5以上，产业氛围浓厚。[①]每年产值突破1亿元。淘宝、天猫、亚马逊……各大电商平台都涌动着"碧门电商"的身影（图2-3、图2-4）。为了推动乡村电商整体更好地发展，近年来，碧门村打造了众创空间，成立了电商协会，原来单打独斗的电商在"线上"实现了抱团，不仅能够享受到银行、物流企业等的优惠政策，还能获得招工、就业、保障等第一手信息。

图2-3 碧门村电商分布图（来源：碧门村村委会提供）

图2-4 碧门村"竹蝉迹"电商直播室内场景（来源：研究团队拍摄）

---

① 引自：http://www.anji.gov.cn/art/2020/11/30/art_1229211475_58899262.html.

2.4.3 坊宅分布

本书涉及的典型坊宅位于碧门村下辖的青山村、碧门中心村、黄母口村、浒溪口村及沿景坞村五个自然村，各村自北向南、再向西依次展开。从自然环境分析，各村均属半山区，自然地貌条件相仿，港口溪由南至北流经各村，水域广阔且水量丰富，为各村提供了良好的小气候条件（图2-5）。

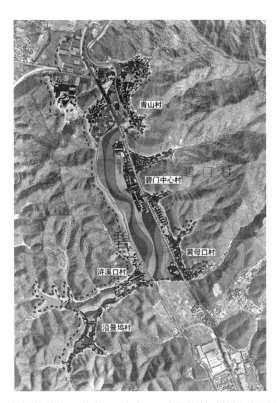

图2-5　安吉碧门村概况（来源：安吉县灵峰街道碧门村村庄建设规划文本）

1. 南北三村

由北向南，沿国道G235两侧分布的是青山村、碧门中心村和黄母口村三个村落（图2-6）。

青山村位于最北侧，其北紧邻G235和S205的道路交叉口，同时该村被国道G235横穿，分为青山西、青山东、凌家湾等片区。村子下设5个组，常住人口约141户合535人，村中竹企业类型较多，有如盈元竹业有限公司、竹木刀具厂、青峰竹制品有限公司、和春家私有限公司、三春亚布厂等规模较大的生产企业，村中多数坊宅的竹制品生产空间规模较大，同时从事文创展销等的电商较多。

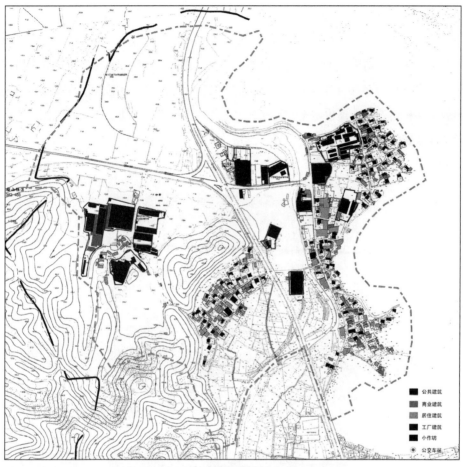

（a）青山村坊宅

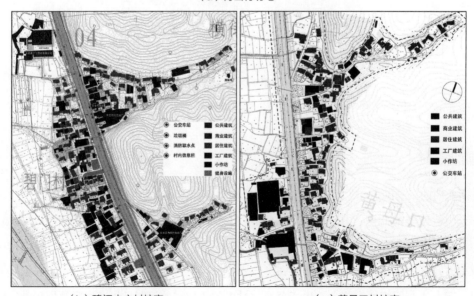

（b）碧门中心村坊宅　　　　　　　　（c）黄母口村坊宅

图2-6　南北三村的坊宅分布（来源：安吉县灵峰街道碧门村村庄建设规划文本）

碧门中心村位于青山村南侧，被国道G235划分为西、东片，村内亦有不少竹制品工厂。村子南侧有草莓采摘基地，中部为集体流转地，现已被安吉县两家农经公司承包种植油菜花等景观作物。碧门中心村下设3个组，常住人口约130户合402人，村中坊宅中竹制品生产空间规模较大。

黄母口村位于碧门村南侧，在国道G235以东，下设3个组，常住人口约88户合314人，村内大型工厂较少，坊宅中生产空间规模较小。

2. 东西二村

自东向西，为纳入山峦之间的浒溪口村及沿景坞村两个村（图2-7）。

浒溪口村位于碧门中心村南侧，国道G235以西，被群山环绕。村子下设2个组，常住人口约55户合177人。村子入口邻近国道处，有几家从事竹席编织的家庭工坊。沿景坞村位于浒溪口村的西侧，村子下设2个组，常住人口约79户合276人。村中坊宅以小规模工坊或柴房为主。

（a）浒溪口村坊宅　　　　　　　　　　　　　（b）沿景坞村坊宅

图2-7 东西二村坊宅分布（来源：安吉县灵峰街道碧门村村庄建设规划文本）

2.4.4 典型样本

结合村落、邻里及农户社会经济属性等条件，研究团队选择了典型样本（图2-8）。

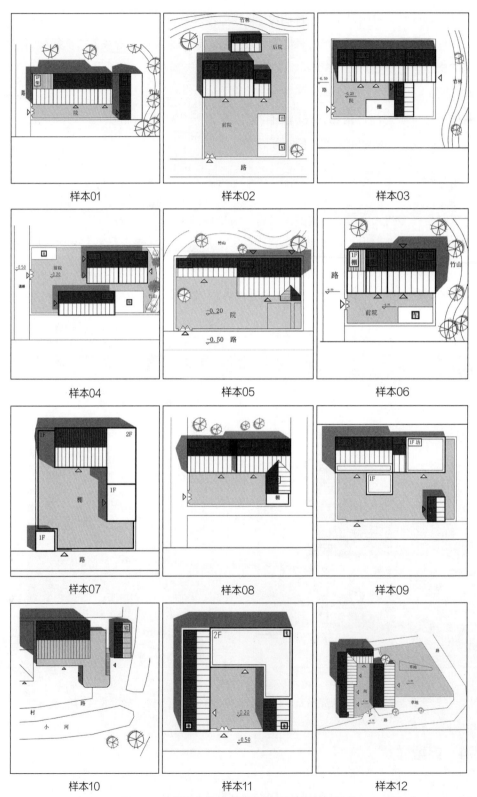

图2-8   21个样本总平面图（来源：研究团队绘制）

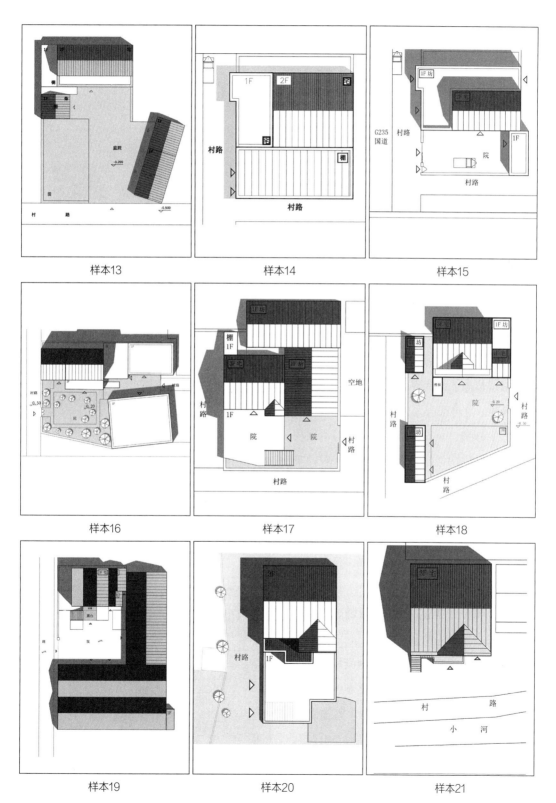

图2-8 21个样本总平面图（来源：研究团队绘制）（续）

　　首先，结合村落、邻里规模等条件，研究团队采用外部拍照等方法对碧门村下辖5个自然村中的坊宅建筑进行全面调查，获取近100处坊宅基本资料。其次，结合农户职业、生计来源等条件，筛选21处坊宅展开入户测绘和拍照记录，同时针对典型坊宅居室，采用行为注记法描述农人日常行为活动的细节信息。再次，依据建造年代不同，本书将1980～1990年期间建造的坊宅称为"Ⅰ代"，1990～2005年期间建造的坊宅称为"Ⅱ代"，2005年至今建造的为"Ⅲ代"，分述如下。

1. Ⅰ代坊宅

（a）样本01

　　Ⅰ代坊宅为"柴房+住宅"型农宅，多见于传统竹林产业时期，以单层砖木坡顶建筑为主，是典型的20世纪中期浙北地区传统农居。从单体建筑视角分析，该类坊宅中的"坊"是柴房，即一种附着型辅房，一般在主房建筑建造完成之后加建，空间规模相对较小，有时候农人还会建造2～3处柴房，相互配合使用。这些柴房大多是主房功能的补充，例如家禽养殖、农具存储等。不少柴房因功能不同，与主房之间的联系也不同，有的柴房中设置了厕间、浴间等功能，因此和主房没有直接连通的房门或通道，而涉及农居存储等功能的柴房则会与主房有一定的联系。

（b）样本02

　　本书中坊宅样本01、样本02、样本05等为典型的Ⅰ代坊宅（图2-9）。样本01中的柴房与主房分开建造，柴房本身的建筑高度也低于主房，采用简易结构，建筑的南立面没有设置完整的围护界面，仅为满足辅助性储藏、简单劳作的行为需求。样本04则是一个较为典型的柴房，位于北侧，紧挨着山脚，住宅位于其南侧，为2层混合结构建筑。北侧柴房空间的功能为家禽圈、厕间、锅浴间及杂物间等。"锅浴"是浙北地区农人家中极具特色的洗浴空间。

（c）样本05

图2-9　Ⅰ代坊宅外观

2. Ⅱ代坊宅

Ⅱ代坊宅为"工坊+住宅"型农宅，多建造于1990～2005年期间，正值村竹制品生产加工激增的时期，建筑以2层混合结构的平、坡顶形式为主，平面布局以直线、折线式单廊的形式为主。一方面，从建筑单体角度分析，此类坊宅的"坊"是工坊，即独立型的辅房，一般与主房建筑同时建造，相比Ⅰ代坊宅，其空间规模更大。有些农人除了建造单独坊宅，还会再建造一些临时性的或之前未拆除的柴房配合使用。研究中的样本06、样本12、样本14等为典型代表（图2-10）。样本02的工坊与住宅同时建造，工坊不再是住宅功能的补充，而是有完整的生产功能。此类坊宅的户主多从事包括竹凉席制作等竹制品加工活动，以家人参与或雇佣邻人、新建工坊空间、购买且放置开片机、编织机等设备展开生产，工坊空间的类型也相对多样化。

（a）样本06

（b）样本12

3. Ⅲ代坊宅

Ⅲ代坊宅多建造于2005年后，正值村竹制品生产加工爆发式增长的后期，为"工场+住宅"型坊宅。从空间形制分析，包含以下两类。

（c）样本14

图2-10　Ⅱ代坊宅外观

（1）"大工场+小住宅"型。研究中样本16、样本17、样本19等为Ⅲ代坊宅（图2-11）。此类坊宅中的工场空间规模更大，是农人利用自己宅基地周边的空余场地进行建造，严格来讲属于宅基地之外的闲散用地。

（2）"下部工场+上部住宅"型。此类坊宅的一层空间为生产加工工场，一层的屋顶平台成为住宅的入户院落，做到了生产和生活流线的分离。

（a）样本16

（b）样本17

（c）样本19

图2-11 Ⅲ代坊宅外观

3

农人与生活

本章主要内容是通过田野调查描述碧门村新农人的日常行为内容和时空间分布情况，比较不同农人的行为偏好，总结各自的生活模式。

1. 调研目的

新农人的生活模式是在与坊宅环境的互动中形成的，体现了日常行为与客体空间相互适应的过程。本书以竹农人、竹匠人、竹商人、竹创客和竹白领为调查人群，结合活动日志和"行为地图"法，比对、描述其日常行为内容、行为作息、活动领域三类指标，归纳不同农人的生活模式。

2. 调研内容

首先，获取被调查农人的日常行为内容、行为作息及活动领域等数据；其次，比对五种新农人的活动领域差异并归纳生活模式特征；最后，总结不同类型农人的行为特征与生活之间的关联。

3. 调研方法

第一，采用半结构访谈和活动日志法，研究团队获取碧门村新农人的日常行为内容。第二，将五种新农人的日常行为划分为"劳作""加工""营销""个人必需""家庭互动""社会交往""出行"等多个类别。将坊宅空间划分为个人空间、住宅公共空间、工坊空间、组团空间及村外空间五种层级。

研究团队于2020年9月～2021年7月展开田野调查，从碧门村下辖的五个自然村中按比例选取不同数量的农户深入调查，内容涵盖新农人调查日之前2日内（1个工作日+1个休息日）日常行为活动情况。研究中使用的活动日志问卷设计了24小时制时间段，按照每15分钟为单元记录每位农人日常行为发生的内容、地点、同伴等，并记录在电子地图中，由此获取不同新农人的日常行为数据。本次研究每次投入35名调研人员，合计调查163位农人，涉及103户农家，总共调查记录了3726次行为数据（含行为内容、时间及地点等）。

3.1 行为构成

针对五种新农人日常行为的调查以活动日志的调查形式展开，研究团队每次有35名调研员，在当地村干部的积极配合下进行入户调查。在碧门村5个自然村内总计发送问卷213份，回收163份，有效问卷138份，有效率达64.79%。

日常行为时间总体分布是指被调查的新农人在其工作日、休息日（各1天，取均值）中各项日常行为活动的时间构成百分比。本次活动日志调查以碧门村新农人在4:00~24:00时间段内的多项日常行为的时间占比。为了更为准确地获取乡村农人普适意义的日常行为活动占比，本书将五个自然村被调查农人数据汇总，统计了163份农人的日常行为样本数据（图3-1、图3-2）。如图可知新农人在乡村环境中发生的各项日常行为的分布情况。

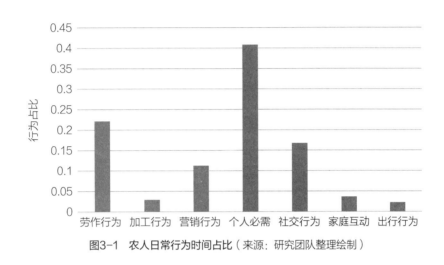

图3-1 农人日常行为时间占比（来源：研究团队整理绘制）

图3-2 农人日常行为时间构成图（来源：研究团队整理绘制）

1. 生产行为

生产行为包含劳作、加工、营销等活动内容，占比为36.37%，这反映出生产行为是农人日常最主要的行为之一。首先，以毛竹砍伐、切段等竹材初加工为内容的劳作行为占比最大，为22.16%，约合4.43小时，说明农人每天花费在农业、林业等相关行业的时长最大；其次，以竹席、竹筷等竹制品加工为内容的加工行为为主，占比为2.94%，约合0.59小时；再次，以竹制品营销、展示等为内容的行为占比11.27%，约合2.25小时。前述数据也反映出农人的生产行为不仅局限于农业初加工，而且涉及第二、三产业。

2. 个人必需行为

个人必需行为包含了满足农人最基本生理需求的睡眠、小憩、饮食等行为，占比为40.84%。其中占比较多的是睡眠和小憩，其次是个人整理、学习等内容。结合现场访谈可知，多数农人的个人生活以卧室等隐私空间为主展开相应的必需行为活动。

3. 社交及家庭互动行为

社交行为和家庭互动包含了家庭清洁、家政、休闲娱乐等内容的行为，占比20.47%，约合4.10小时。其中，以媒体娱乐、互动娱乐等为内容的社会休闲行为占比16.80%，约合3.36小时，说明农人的休闲娱乐活动日益丰富；而清洁、采购、带娃等家庭互动行为占0.73小时。

4. 出行行为

通勤、交通性出行活动的内容占比为2.27%，约为0.45小时，说明农人日常出行的单程步行距离约在15分钟的路程范围之内。

3.2 行为分布

本节内容是介绍竹农人、竹匠人、竹商人、竹创客和竹白领五类新农人群的日常作息中各类行为内容的分布与特征。

首先，本节将重点描述不同农人的生产、个人必需、社交、家庭互动等不同行为的发生时段、持续时长、各自占比等信息。其次，描述时将一日三餐作为1天作息的分割、转换点，例如，每1名农人的1天可以被划分为早餐前的清晨、早餐、上午、午餐、下午、晚餐、夜晚等不同的时段。再次，根据调查数据显示，同一类型的农人也会有差异，因此本书将结合实地访谈情况具体分析和解读不同案例。

3.2.1 竹农人行为分布

竹农人是碧门村常住人群占比较大的类型，他们以传统农林业如竹类、菌类等自然资源为生，日常行为体现出相对简单、均质的特征。图3-3、图3-4反映各行为时空分布及占比。

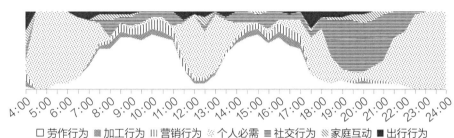

4:00 5:00 6:00 7:00 8:00 9:00 10:00 11:00 12:00 13:00 14:00 15:00 16:00 17:00 18:00 19:00 20:00 21:00 22:00 23:00 24:00

□ 劳作行为 ▨ 加工行为 ‖ 营销行为 ⁛ 个人必需 ⁙ 社交行为 ◇ 家庭互动 ■ 出行行为

图3-3 竹农人日常行为分布特征

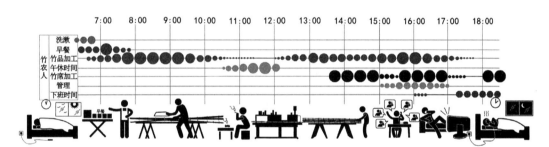

图3-4 竹农人日常行为模式（来源：研究团队整理绘制）

1. 个人必需行为

超过半数的竹农人早晨4:30~6:00起床（研究团队调研的数名老年竹农人，他们均在4:30左右起床，随后开始洗漱、整理内务等），早餐时间约在早上6:10~7:30；大多数竹农人会在上午11:00左右开始备餐，并在12:00前后吃完午饭，午饭后的1~2小时休息是多数竹农人的习惯；17:30~18:30是竹农人吃晚饭的时间，而绝大部分竹农人会在21:00~21:30准备睡眠或进行睡眠前的洗漱。

2. 生产行为

①在清晨，竹农人会从事短时劳作。半数竹农人会在清晨从事1小时左右农活，再进行个人洗漱、备餐、早餐等。②上午从事劳作行为。早饭后料理家务后，竹农人便展开劳作活动。③午后继续劳作。午饭后，在从事一些家务劳动以后，竹农人会在14:00再开始劳作至傍晚。

3. 社交及休闲行为

大多数竹农人会在上午、下午的劳作活动之后开展各项休闲活动，例如刷手机或与工友聊天等。特别是晚餐结束后，其休闲行为发生频次最高。在18:30~20:30的两个小时内，从事休闲行为的竹农人占比持续维持在50%以上。相对于早、午饭时间较短，竹农人花费在吃晚饭的时间较长，原因是除吃饭外还和家人聊天等。晚饭后会从事看电视、打牌、聊天等娱乐行为。

3.2.2　竹匠人行为分布

与竹农人类似，竹匠人也是碧门村常住人群中占比较大的类型。安吉毛竹产业发达，当地人靠竹吃竹并产生很多有手工技艺的竹匠人，他们将毛竹加工成为竹板材、竹篱笆等生活用品。早年间竹匠人就是竹农人，从事农活并兼职加工制作竹制品，后来伴随竹产业发展，竹匠人逐步脱离出来，以加工制作为生计来源。其日常行为特征如图3-5、图3-6所示，反映了各行为的时空分布及占比。

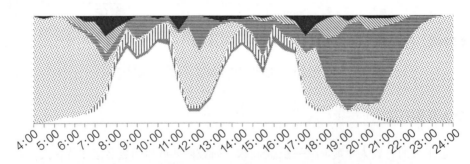

□劳作行为 ▨加工行为 ▥营销行为 ※个人必需 ▦社交行为 ▨家庭互动 ■出行行为

图3-5　竹匠人日常行为分布特征

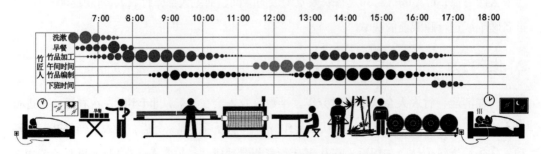

图3-6　竹匠人日常行为模式（来源：研究团队整理绘制）

1. 个人必需行为

竹匠人早餐一般从6:00开始持续至8:00。大部分竹匠人午餐在11:30~12:30，他们多在11:00~11:30开始备餐。结合现场调查可知，初夏时节不少人会在午饭后午休1~1.5个小时。竹匠人晚餐集中在17:00~18:30，23:30左右，大部分竹匠人开始洗漱准备休息，其作息分布相比竹农人推迟近1小时。

2. 加工行为

总体看竹匠人的加工行为，内容以竹凉席编织、竹筷制作为主。首先是上午持续劳作，一般在8:30~11:30间进行；其次是午后劳作，一般在13:00~17:00间展开；再次，晚饭后，不少竹匠人会再工作一会儿（加工活繁忙时节）。结合访谈可知，他们晚上工作时段较为分散，因人而异，没有显著规律。

3. 社交及休闲行为

竹匠人社交及休闲行为分布在工作期间和下班后两个时段。第一个时段在上午11:00~11:30，结合午餐及工作间隔，他们以刷手机、聊天为主。不少人在午饭后12:30~13:30间聊天；第二个时段在晚饭后18:30~20:30间，多数竹匠人会看电视、和邻里拉家常等，也有部分人会外出散步。

3.2.3 竹商人行为分布

结合实地调查，大部分竹商人是由竹匠人发展而来，改变原先以加工维持生计的方式，转为雇佣竹匠人和竹农人，从事竹制品销售行为，其日常行为特征如图3-7、图3-8所示，反映了各行为的时空分布及占比。

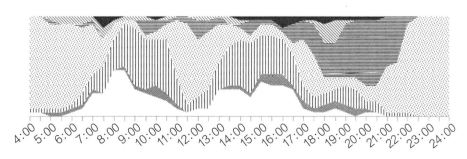

口劳作行为 ▨加工行为 ‖营销行为 ✧个人必需 ▤社交行为 ▨家庭互动 ■出行行为

图3-7 竹商人日常行为分布特征

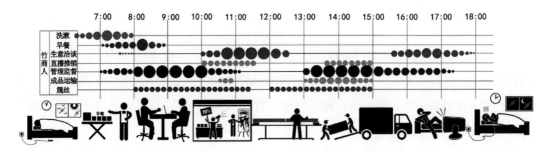

图3-8　竹商人日常行为模式（来源：研究团队整理绘制）

1. 个人必需行为

　　区别于竹农人和竹匠人，竹商人的早餐持续时长较短，大部分竹商人6:30起床，7:30前吃好早餐，少部分人会推迟至8:00左右。竹商人午饭多在12:00~13:00，多数人选择在工场里解决，少部分人在外面吃饭，时间更分散。竹商人晚餐多集中在18:30~20:00，结合现场调查，多数竹商人日常作息较规律，绝大多数人会在22:30~23:00进行睡眠前洗漱并准备休息。

2. 营销行为

　　竹商人主要以承接、监督及管理竹制品加工业务为主，工作时间和竹匠人相仿。上午的营销行为在8:30~11:30，内容是监督管理竹农人、竹匠人等开展竹产品制作、加工及包装运输等工作。竹商人下午工作在13:30~17:00展开，除从事生意洽谈、产品推广之外，还要管理各类生产杂事。结合现场调查可知，有少数竹商人工作时段很长。如研究团队走访的生产规模较大的样本18号坊宅，竹商人即经营者，会从早上7:30就开始工作，下午19:30左右结束一天工作。这说明不同级别的竹商人工作时间和强度差别很大。

3. 社交及休闲行为

　　竹商人的社交及休闲行为多安排在一天工作结束后的时段，如大多数人会在晚饭前后19:00~21:00，看电视、刷手机或与家人聊天等，另外，也有不少人会外出散步。

3.2.4　竹创客行为分布

　　由于乡村建立了自主创业基地，需要引进掌握新技术、拥有新思维的人才来协助竹商人开拓新竹制品市场，竹创客应运而生。这个群体一般是村里外出上过大学的年轻人返乡创业，也有本地竹商人的后代，他们素质、能力俱佳，其日常行为分布特征如图3-9、图3-10所示，反映了各行为的时空分布及占比。

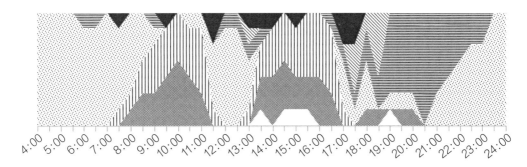

□劳作行为 ▨加工行为 ‖营销行为 ▒个人必需 ▤社交行为 ▨家庭互动 ■出行行为

图3-9 竹创客日常行为分布特征

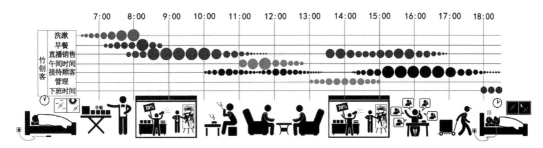

图3-10 竹创客日常行为模式（来源：研究团队整理绘制）

1. 个人必需行为

竹创客多为年轻人，他们一般7：30～8：00起床，约在7：00～8：30间吃早饭，也有不少人不吃早饭。竹创客的午饭时间集中在12：00～13：00；他们的晚餐多在18：30～19：30，结合现场调查，也有不少竹创客晚饭推迟至21：00。大多数人会在24：00～1：00才准备睡眠。

2. 营销行为

区别于其他农人，竹创客以竹制品研发、设计为主，工作时段较长，强度较大。竹创客白天多从事产品设计、销售策划活动，分为上午和下午两个时段；晚饭后还会继续工作，时长不一，有时会持续到22：00～23：00。

3. 社交与休闲行为

竹创客的社交范围较广泛。一方面，他们需要和竹匠人、竹商人等讨论产品技术问题；另一方面，他们会通过多种渠道与同行讨论业务。与此同时，竹创客的休闲行为也是比较多样的，一般分为两个时段：①白天午饭后，他们会利用休息时间刷手机、和朋友聊天等；②在晚上工作结束之后，他们会上网、刷微博、拍摄短视频等。

3.2.5 竹白领行为分布

竹白领借用"白领"概念，指在乡村竹工场中从事脑力劳动的职员，如管理人员、技术人员等。其日常行为分布特征如图3-11、图3-12所示，反映了各行为的时空分布及占比。

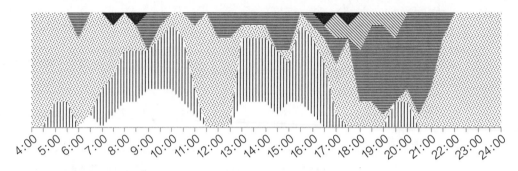

□劳作行为 ▨加工行为 ‖营销行为 ⸬个人必需 ▨社交行为 ⸜家庭互动 ■出行行为

图3-11 竹白领日常行为分布特征

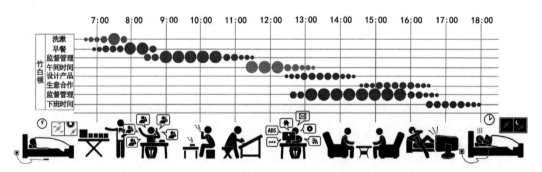

图3-12 竹白领日常行为模式（来源：研究团队整理绘制）

1. 个人必需行为

相比竹创客，竹白领的作息比较规律：他们早餐时间一般在7:00~8:30，与竹创客的就餐时间大致相同；午餐时间在11:30~12:30，相对集中，结合现场调查，竹白领和竹创客多数情况下会共同进餐；而他们的晚餐时间在18:30~19:30；竹白领会在22:30~23:30时段才准备睡眠或进行睡眠前的洗漱。

2. 营销行为

竹白领主要从事竹制品产品包装、运输、展示及管理等活动。他们的营销行为可分为两个时段。一是上午的工作，一般在8:30~11:30。竹白领需要进行对竹制品质量监督、财务支持、举办品牌培植等策划和服务活动，对产品造型等全面把控。劳作活动形式呈连续式、反复性，保障程序的进行是竹白领最大的责任。二是下午的工作，一般在13:30~16:30。主要进行竹产品设计以保证商品多样性，满足不同客户群体的需要；与客户洽谈合作以保证生活经济来源；监督管理直至傍晚。

3. 社交及休闲行为

对比一天时间内的行为分布，竹白领的晚饭花费时间较长。吃饭、聊天沟通、看电视、打牌、聊天等休闲事务是其晚上的主要活动。

3.3 行为领域

本节将描述不同农人日常行为的发生位置、常去地点及距离等信息。行为位置主要包含自家坊宅、邻里、村内、村外等不同地点。根据研究团队的田野调查数据显示，即便是同一类型农人，其行为地点也会有差异，因此本书将结合实地访谈情况具体分析和解读不同案例。

3.3.1 竹农人行为领域

竹农人的活动领域多以自家坊宅为核心，以房前屋后的空地或田林地为主要活动地点开展各项行为。例如，在农忙时节，大多数竹农人会选择在自家院落、农田或林地中进行劳作活动，也有部分人去村里竹商人的工坊中帮工。总体来讲，竹农人的活动范围较小，一般不超过步行15~20分钟的路程。其活动领域特点如下（图3-13）。

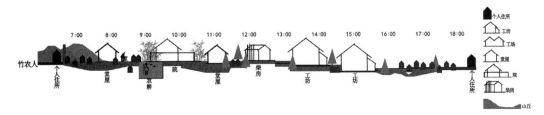

图3-13 竹农人行为领域分布（来源：研究团队整理绘制）

1. 生产行为领域

竹农人生产劳作行为发生的场所一般分为两类：一类是在自家柴房、边屋或院落中，此类竹农人兼职或专职从事毛竹材初加工，劳作时所需的空间尺度较大；另一类农人偶尔在农忙时节兼职，给竹商人打工，到别人工坊中从事生产劳作，因此，自家劳作行为就在自家柴房中进行。

2. 生活行为领域

普通竹农人的社交行为，如聚会、聊天、待客等，均在自家堂屋内进行，也有不少竹农人在住宅的边屋中设置待客家具，方便接待亲朋；竹农人家庭互动行为如备餐、吃饭、清洁等活动等自给自足，均在自家边屋、堂屋中进行；他们的休闲娱乐行为较为单一，以看电视、打牌为主，多发生在堂屋。

3.3.2　竹匠人行为领域

竹匠人的活动领域分布以工坊为核心，以村内外工坊或工场为主要活动地点展开，活动距离一般为1.0~3.0km，约20分钟的车行路程。其活动领域特点如下（图3-14）。

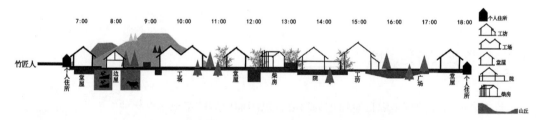

图3-14　竹匠人行为领域分布（来源：研究团队整理绘制）

1. 生产行为领域

竹匠人的生产加工行为主要有编制竹凉席、加工竹筷等，一般在自家或村内他人家的工坊中进行，需要使用中小型设备，如开片机、篾丝机、编织机等，因此他们的加工行为所需的操作空间尺度要求较大，而且需要较为稳定的光源，过亮或过暗的光环境均不利于加工行为顺利展开。

2. 生活行为领域

相比较竹农人，竹匠人的社交行为领域略微广泛一些，主要体现在和其他的同行匠人、竹商人等有不少合作事务，因此，很多竹匠人家中除了堂屋之外，还设有会客室，以接待外来客人；而竹匠人的家庭互动、休闲行为与竹农人相比差别不大。

结合现场访谈和调查可知，由于家庭结构不同，有的竹匠人家中会设置居室以满足家庭互动、休闲、个人生活行为的需求。例如，在主干家庭（是指父母和一对已婚子女生活在一起的家庭模式，通常包括祖父母、父母和未婚子女等直系亲属三代人）中一般会设置两处厨房和餐厅，甚至会设置两处堂屋，或者是设置一处堂屋和一处起居室，分别满足不同家庭成员的行为需求。

3.3.3 竹商人行为领域

竹商人的活动领域以工场为核心，以邻里、村外等为主要活动地点，活动范围较广，车行约20～30分钟路程范围。其活动领域特点如下（图3-15）。

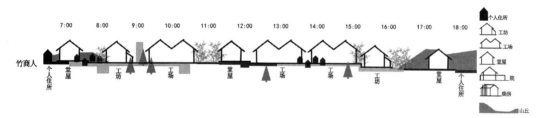

图3-15 竹商人行为领域分布（来源：研究团队整理绘制）

1. 生产行为领域

竹商人的营销行为内容较多，因此其营销行为活动领域比较分散。例如，生产管理行为在工场中发生，业务接洽等则可能去村外的县城、城市中进行。据研究团队实地访谈可知，样本18号即"山下手作"的沈姓竹商人，在每年初春时节，为了开拓和维护市场，他一周会外出到安吉、杭州甚至外省城市2～3次，忙于文创竹制品的生意洽谈。由此可知，竹商人的生产行为活动领域非常广泛。

2. 生活行为领域

由于业务需要，竹商人社交行为的领域是五类农人中最广泛的，平时会接待较多的朋友，会在工场的办公室、待客室中进行；如果是接待亲戚、家人聚会等，则是在自家的会客厅、起居室中进行。他们的休闲行为相对多样化，会选择在自家的书房、棋牌室、起居室等空间内进行。个人必需行为如厕、洗浴等会在卧室中进行。相比较竹农人、竹匠人，这些居室的功能划分更加细致。

3.3.4 竹创客行为领域

竹创客以自己住所、工场两个场所为主要活动地点展开各类行为，活动范围较小，一般不超过车行约3~5分钟的路程。其活动领域特点如下（图3-16）。

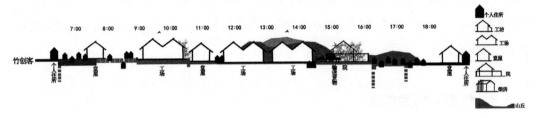

图3-16 竹创客行为领域分布（来源：研究团队整理绘制）

1. 生产行为领域

竹创客的生产活动主要是产品研发、展示设计等，因此会与竹农人、竹匠人、竹白领等人群合作商谈，多在工场中进行各项营销活动；与此同时，竹创客会与竹商人一起外出洽谈业务或考察，因此会经常到村外或其他城市。

2. 生活行为领域

竹创客的社交领域比较广泛，会在不同时段与不同人群交往。例如，会在待客间里接待外来的朋友，也可能会在村里和竹农人拉家常，还可能会在村外某处场所参加聚会。而竹创客的家庭互动、个人生活行为与竹商人差别不大。研究团队调研发现，相比竹农人及竹商人，大多数竹创客会在其休闲时间进行网购和县城购物。

3.3.5 竹白领行为领域

竹白领以工场和自家住宅为主要活动地点，开展各项活动。竹白领活动范围比较规律，一般不超过车行约15~30分钟的路程范围。其活动领域特点如下（图3-17）。

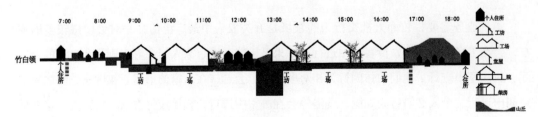

图3-17 竹白领行为领域分布（来源：研究团队整理绘制）

1. 生产行为领域

竹白领主要在工场中从事竹制品展示、货物包装及运输、管理及财务支持等活动，领域比较明确，也有少部分人在从事运输等活动时到村外或城市去。

2. 生活行为领域

竹白领的居住地分为两类。一类人住在本村，距离工场较近，或者就在工场内的宿舍居住，其生活社交行为的活动领域比较简单，就在工场内、村内邻里公共场所展开；另一类竹白领居住在村外，每天按时通勤上下班，其生活社交行为的活动领域很分散，不在本书研究范围内。

3.4 生活模式

本章以活动日志调查、半结构式访谈等方法，梳理不同生计来源农人的日常行为与时间、空间的关系，描绘不同农人行为内容、频次、时长及分布领域等，得到以下结果。

（1）新农人日常生活与当地毛竹产业淡、旺季密切相关，生活作息全方位受到小集体式生活方式的制约和影响。

（2）因职业不同，日常的生产行为也具有不同内容：竹农人以毛竹初加工等劳作行为为主，独自操作，使用器具朴素；竹匠人、竹商人等以竹凉席、竹筷等竹制品加工行为为主，互动性增加，使用中小型机械设备；竹创客、竹白领等以文创类竹制品网络销售行为为主，互动性渐强，主要使用移动网络终端。伴随安吉竹产业升级迭代，新农人生产行为将进一步趋向网络化和文创化，生产、社交行为的时间将增加，而传统体力劳作行为时间将进一步减少、分散。

（3）新农人的生产行为主要发生在廊下、堂、院、柴房、工坊、工场等半公共及公共空间，社交行为多发生在工坊、工场、邻里、水边、田旁等地，生活行为多分布在个人空间、住宅内的半公共空间。从时间窗口分析，生产行为的领域分布日趋多元化，而生活行为更趋向城市中城市人的生活习惯，这与研究样本所在地域的经济发展水平快速提升密切相关。

（4）依据生计来源差异，本书将新农人分为竹农人、竹匠人、竹商人、竹创客及竹白领五种。依据行为偏好，可将他们的生活模式划分为生存刚需型、均衡发展型、稳健拓展型、引领潮流型和职业特色型（表3-1）。

表3-1 不同农人生活模式

新农人类别	生活特征	生活模式
竹农人	独自从事劳作行为，作息规律简单，休闲行为单一，行为活动领域小	生存刚需型
竹匠人	与他人合作从事加工行为，作息较规律，休闲行为较单一，行为活动领域较小	均衡发展型
竹商人	统筹他人从事营销行为，作息欠规律，休闲行为较丰富，行为活动领域大	稳健拓展型
竹创客	支配他人从事研发创作等行为，作息缺乏规律，休闲行为丰富，行为活动领域较大	引领潮流型
竹白领	配合他人从事财务、后勤等行为，作息较规律，休闲活动较丰富，行为活动领域一般	职业特色型

4

行为与链图

由于乡村新农人从事的日常行为内容丰富多样，因此对其进行分类是一项复杂且有争议的工作。在乡村主体的行为与空间的研究领域中，众多建筑学专业学者出于不同研究目的而采用不同的分类方法。例如，日本学者Nishihara（1968）以日本传统住宅空间为例，从睡觉、聚集、吃饭、烹调、卫浴和工作六种行为出发，利用行为位置解读空间使用方式的效能差异。再如，我国学者付本臣、黎晗、张宇（2014）在解读东北严寒地区乡村农人日常行为时划分了个人生活、生理卫生、家务、生产、社会交往等不同类别，目的是对应讨论农宅空间的公共性问题。借鉴前述学者经验，本书的研究目的是从日常行为的视角揭示乡村坊宅空间的演进规律，因此，结合前文对农人生活模式归纳的结论，本章首先建构生计表现和生活支撑两个维度描述坊宅空间内外发生的各项日常行为，其次，将其细分为7个类别、20种行为内容（表4-1）。

表4-1 农人日常行为类别及内容

维度	类别	行为胞元	活动内容
生产维度	A 劳作行为	01种植	毛竹钩梢、捏油、量竹等传统活动
		02砍伐	毛竹的砍伐、装运等活动
		03初加工	竹梢修剪、切段等活动
	B 加工行为	04备材	毛竹材篾丝、去色、晾晒等活动
		05制作	打磨、编织、印花、裁剪等活动
		06储运	竹原料、成品等的储藏、运送等活动
	C 营销行为	07展示	竹产品包装、售卖、布展、市场互动（直播带货）等活动
		08研发	竹产品图样设计、成本控制、文化植入等智力活动
		09管理	质量监督、财务支持、品牌培植等策划、服务活动
生活维度	D 个人必需行为	10便溺	大小便等
		11就寝	睡觉、小憩等
		12学习及整理	学习、冥想、更衣等
	E 家庭互动行为	13储藏	器具、粮食、衣物等物品的存放
		14清洁	洗衣、收纳、清洁等
		15炊事	烹饪、洗涮、备餐等
		16用餐	聚餐、一日三餐、零食等
	F 社会交往行为	17休闲	媒体娱乐（刷手机、看电视等）、互动娱乐（打棋牌、麻将等）、聊天等
		18接待	家人会面、亲戚团聚、朋友聚会等
出行及其他	G 出行行为	19通勤	以工作为目的的出行活动
		20移动	生产、休闲行为期间发生的位置移动等

（来源：研究团队整理绘制）

　　浙北安吉地处山区，盛产毛竹，竹产业资源丰厚。除了传统的农作耕种之外，当地农人长久以来就地取材，以竹板材、竹凉席、竹家具、竹工艺品等系列产品为主要生计来源。因此，关于农人的日常行为均围绕着竹产业展开。

4.1　生产维度的行为

4.1.1　劳作行为

1. 种植

　　安吉竹林种植和管理技术在长期实践中已较为成熟，从清乾隆基本沿用至今，主要分为三个步骤：钩梢、捏油和量竹。

　　（1）钩梢。为了减轻冬季大雪冰冻对竹林的伤害，农人需要在雪季来临前钩掉竹叶，钩梢量以不超过毛竹冠总长的三分之一为宜，以保证新生毛竹正常生长（图4-1）。

　　（2）捏油。为了区分毛竹，农人利用捏油包在毛竹身上记上"名字"，如写上主人、竹子生长年份等文字。本研究调研村庄的农人采用直接刻字的方式捏油，每两年操作一次，一般在6～9月之间进行，已经形成安吉独特的"竹子书法"文化。

　　（3）量竹。农人通过测量竹子眉围（距地面高度约1.70m处的毛竹周长），估算当年毛竹材产量。也有农人采用量竹换算为重量的方式来测算产量。根据研究团队深入访谈的数据可知，安吉地区毛竹的尺寸和重量的关系，一般为：6寸18斤，7寸24斤，8寸33斤，9寸42斤，10寸52斤，11寸63斤，12寸74斤（1寸约合3.33cm）。以1户竹农人家有4口人计算，1个人拥有毛竹约2.0万斤，全部卖掉的话约合人民币6000～8000元（行情好的时候30～50元/100斤）。

2. 砍伐

　　安吉毛竹生长速度快且规模巨大，但严格执行"有序砍伐"，即当地竹农人一般会选择成长了4～6年的毛竹砍伐（此时毛竹周长约6寸及以上）。另外，清乾隆《安吉州志》中对竹子砍伐的季节、竹龄、方式等都有严格的规定。书曰："小年竹不可伐，盖留母荫子。"意思是小的竹子不可砍伐，留作母竹，为新竹生长作储备。安吉的毛竹按照"砍六留四"择伐的方式来取材。

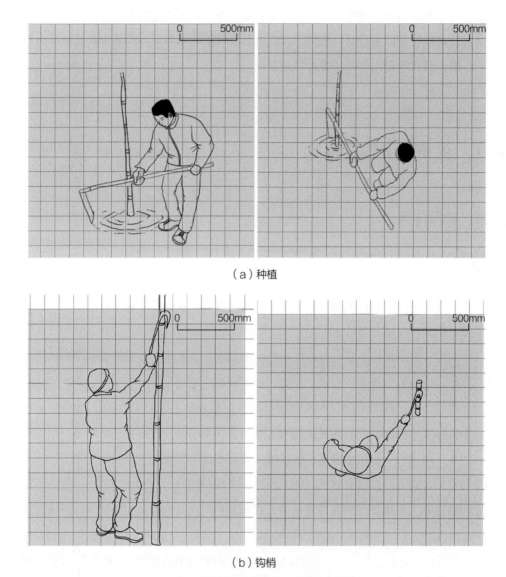

（a）种植

（b）钩梢

图4-1　种植行为（来源：研究团队自绘）

（1）砍伐。竹农人一般一人携带工具上山砍伐毛竹，山上地势跌宕不平，砍伐毛竹时身体姿态常会顺地势变化，砍伐行为涉及的器具多为圆弧竹刀、锯、绳索等（图4-2）。

（2）装运。竹农人从山上运输砍伐好的毛竹时，山上道路不平坦的，主要采用人力搬运、木板车拉运等方式运输；地势较为平坦的，现代交通工具便可以"登场"，通常是多人协作，车下的人向车上的人传送竹子，而车上的人负责把竹子排列整齐（图4-3）。

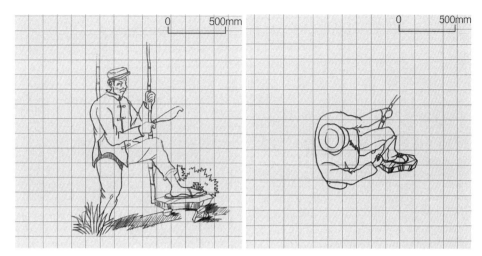

图4-2　砍伐行为及平面图示（来源：研究团队自绘）

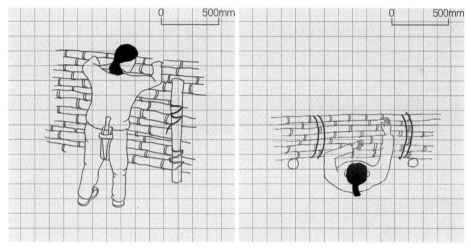

图4-3　装运行为及平面图示（来源：研究团队自绘）

3. 初加工

竹农人或竹匠人将毛竹运到自己家后要对这些完整的竹竿进行前期初步加工，一般包含：

（1）竹梢修剪。竹梢，是指靠近顶部3～5m区域的竹子，此部分竹子的直径尺寸相对较细，多作为各种竹制品的原料。竹农人或竹匠人制作竹扫帚、竹篱笆等竹制品时，需要使用柴刀等工具剔除竹梢部分的多余分枝，便于塑形。

（2）削切毛竹。竹农人或竹匠人使用木架、柴刀等工具将完整毛竹材切段、劈片时，因前期加工活动的灵活度较高，工人们的姿势具有多样性，一般以蹲、站、坐这样的姿势进行（图4-4）。

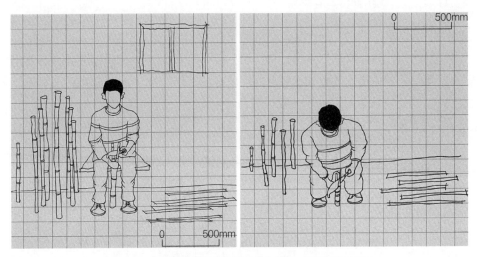

图4-4 削切毛竹行为及平面图示（来源：研究团队自绘）

（3）毛竹篾丝。竹农人或竹匠人根据需要使用篾刀（一种厚背刀）将毛竹劈成各种尺寸的竹丝，就是篾丝。竹丝一般用于编织竹凉席（图4-5）。

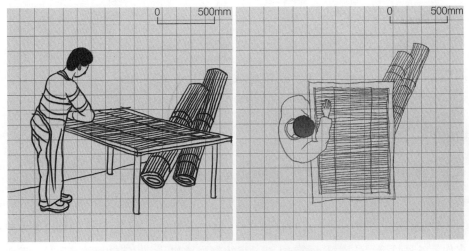

图4-5 篾竹行为及平面图示（来源：研究团队自绘）

4.1.2 产品加工

1. 备材

竹匠人在生产加工竹制品之前，准备好必备的原材料，具体内容包含：

（1）竹丝去色。将竹丝漂白去色。在竹品贮运过程中，光照、水浸和高温都会使竹材变色，因此，要将竹材中的木质素进行脱色处理以防止变色。

（2）竹丝蒸煮。竹匠人完成篾丝等初加工行为之后，使用抓钩将竹丝放入蒸箱，用双氧水蒸煮一段时间，目的是把绿色的毛竹蒸成浅色或无色，以满足制作不同竹制品的需要。

（3）竹丝晾晒。毛竹经初加工后变成竹丝，需要经过晾晒使竹丝干燥，增强其可塑性能。竹匠人一般会选择阳光充足的天气将竹丝平铺在晾竹架进行晾晒；或把竹丝扎成竹锥或竹垛，在空旷田地上及空场地上晾晒，姿势多为站立或蹲着（图4-6）。

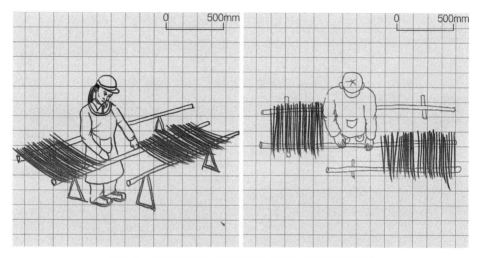

图4-6 竹丝晾晒行为及平面图示（来源：研究团队自绘）

2. 制作

（1）竹席编织。竹丝经晾晒后送去编织竹凉席。编织竹凉席需要竹席编织机（约1.5m见方），一般放置在宽敞场房中；竹匠人坐在机器一侧，不时将竹丝填入机器，待竹席编织过长时，会用手调整竹席的垂落位置。在编织过程中，室内光线不宜过强，否则会产生眩光，看不清竹丝与机器入口间的位置关系，室内空间质量略差，会荡起少量竹粉尘（图4-7）。

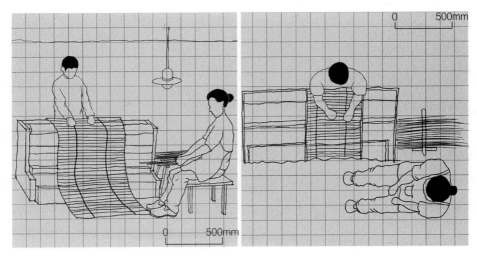

图4-7 编织竹席行为及平面图示（来源：研究团队自绘）

（2）竹席印花。一种竹制品印花工艺，涉及印花技术，尤其是在竹子纤维表面的印花技术，该工艺具有工艺简单、生产方便、附着牢固、印制成本低的优点（图4-8）。

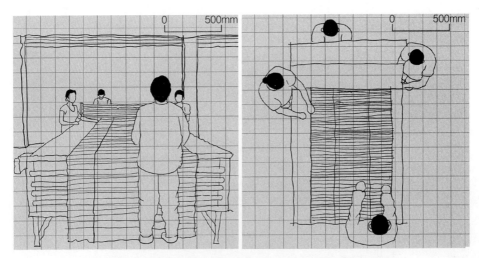

图4-8 竹席印花行为及平面图示（来源：研究团队自绘）

（3）竹席裁剪。裁剪竹席主要分为两种形式：一是人工裁剪，先要找到两张竹席之间的衬底连接缝隙，用刀片将缝隙中的衬底裁断，形成单张、带衬底的竹席，其效率低下；二是采用机器裁剪，竹匠人通过编织机，将竹丝通过细线编织在一起，形成竹席半成品，然后通过粘胶机将衬底粘在多张竹席背后，裁剪竹席衬底，将竹席和衬底一起包边，完成竹席编制加工。

3. 竹制品存储和运输

主要包含毛竹材、竹制品等的存储和运输活动。

（1）存储。前述竹制品的存放包括必需原料、加工机械设备、半成品等物资的存放。

（2）运输。每年3～7月为生产旺季，竹匠人家中竹制品的储藏需要占据大量空间。竹制品的运送不仅包括在加工过程中生产空间区域附近，竹匠人驾驶小型叉车运送、腾挪原料及半成品等活动，还包括使用货车将成品运输至外地客户处等活动（图4-9）。

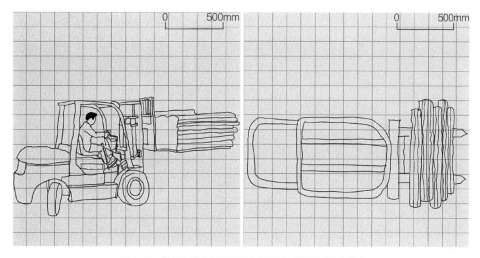

图4-9　装运行为及平面图示（来源：研究团队自绘）

4.1.3　营销管理

1. 展示

展示指竹商人、竹白领、竹创客等人群在竹制品销售过程中产品展示、网络直播、包装等活动。尤其是互联网普及后网络销售及直播带货等方式兴起，货品展示具备了新含义。成规模的坊宅会设专门的产品展示空间，参观者可在里面了解竹产品加工流程及成品样式（图4-10、图4-11）。

2. 研发

研发指竹制品的图样、工艺设计、技术攻关、质量监督等活动，一般由竹创客和竹匠人等合作进行（图4-12）。

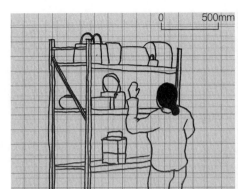
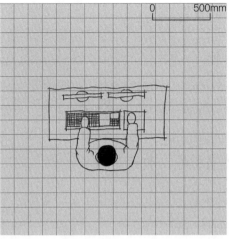

图4-10　展示行为及平面图示（来源：研究团队自绘）

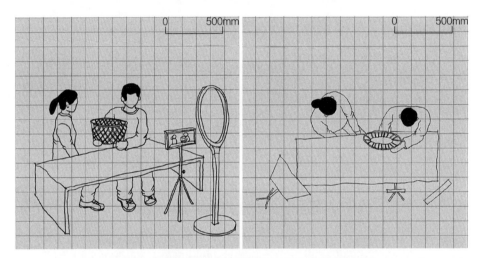

图4-11　直播带货行为及平面图示（来源：研究团队自绘）

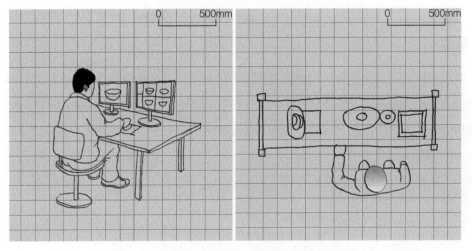

图4-12　研发行为及平面图示（来源：研究团队自绘）

3. 管理

管理指竹制品销售过程中竹白领等开展流程质量监督、财务支持、品牌化服务等活动（图4-13）。

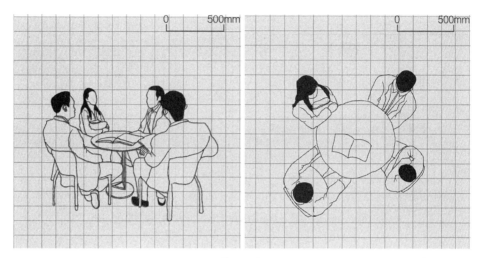

图4-13　管理行为及平面图示

4.2　生活维度的行为

4.2.1　个人必需行为

1. 便溺

便溺是个人生理行为之一，一般来讲，其活动范围长约1.20m，宽约0.70m（图4-14）。早年间，农人便溺行为空间一般放置在主屋外的厕屋中，多采用旱厕，简易蹲位，上面盖木板以防止气味泄露，需要用时再掀开。伴随生活条件改善，乡村农宅中的厕屋改头换面，采用干净整洁的瓷砖铺装，使用现代化的冲水马桶等设备。这些新厕屋逐渐替代了传统旱厕，便溺行为活动的地点逐步转移进入主屋，甚至进入睡觉休息的侧屋之中。

2. 就寝

睡觉是最基本的个人生理行为之一，这类行为一般发生在屋内床上，活动范围约为

2.0～4.0m；而小憩是指短时间的睡觉，此类行为有时也会发生在躺椅、沙发中，活动范围相对睡床会小一些（图4-15）。

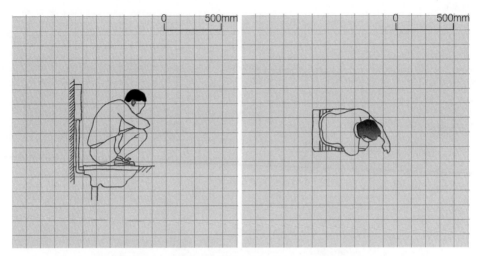

图4-14 便溺行为及平面图示（来源：研究团队自绘）

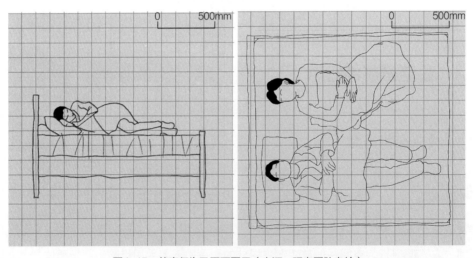

图4-15 就寝行为及平面图示（来源：研究团队自绘）

4.2.2 家庭互动

1. 炊事

农户家庭成员的早饭、午饭、晚饭等生活行为活动主要在农户自家中进行，餐厅空间较大，便于农户在空间中烧煮、行走，以及进行就餐；空间较为明亮，有良好的采光。还可以将炊事活动的场地设在自建房外扩建的塑料棚下，能容纳较大的炊事锅炉等，便于多人就餐，场地宽敞明亮（图4-16）。

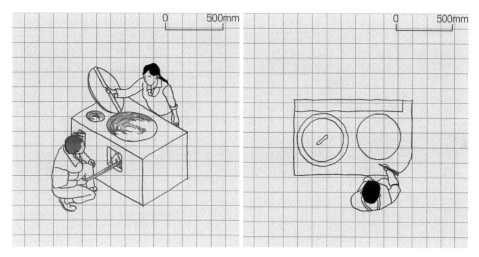

图4-16 炊事行为及平面图示（来源：研究团队自绘）

2. 饮食

农人生活以多人聚居为主，习惯多人团聚就餐（图4-17）。

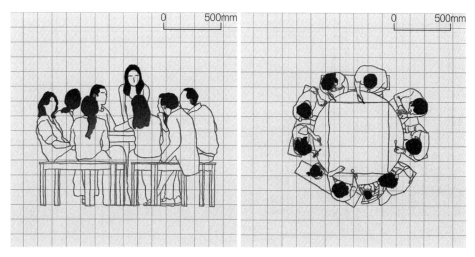

图4-17 饮食行为及平面图示（来源：研究团队自绘）

3. 家政

家政行为主要在自家自建房中进行，主要包括了清洁打扫、照顾孩子等代际活动（图4-18）。

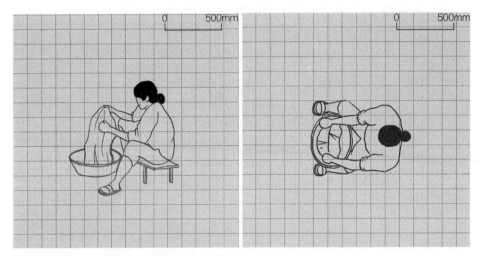

图4-18　家政行为及平面图示（来源：研究团队自绘）

4.2.3　社会交往行为

1. 聊天

农人在经过一天的工作后，会在吃完晚饭后坐在家门口的空地上与邻居休闲聊天（图4-19）。

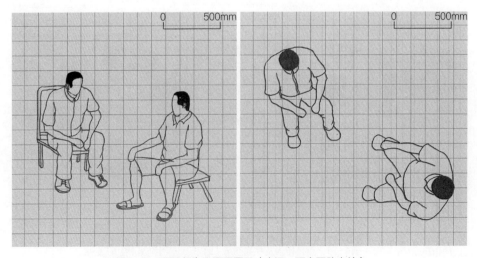

图4-19　聊天行为及平面图示（来源：研究团队自绘）

2. 娱乐

农人日常的休闲娱乐活动包含看电话、刷手机、打麻将等活动。老年人居多，夏日里常会三三两两聚在阴凉下喝茶、下棋等，或搬上躺椅在自家院落乘凉小憩（图4-20）。

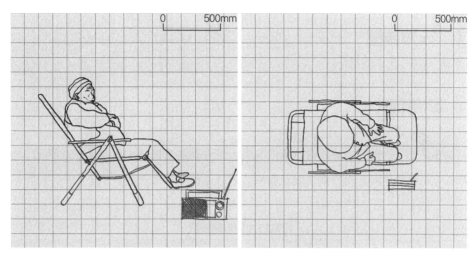

图4-20 娱乐及平面图示（来源：研究团队自绘）

3. 接待

一般在节假日时间，农人会接待亲朋好友，大家坐在一起聊天或进行休闲活动（图4-21）。

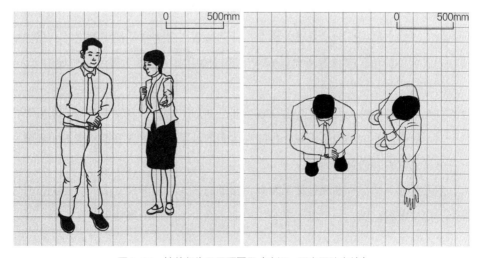

图4-21 接待行为及平面图示（来源：研究团队自绘）

在竹乡竹制品生产旺季（一般在每年3～7月和10～12月间），坊宅中劳作的工友及团队成员等多会聚在一起吃饭，一方面在劳作之余相互沟通信息，另一方面也为节约时间、提高生产效率。在生产淡季，更多的是农户家庭的朋友和家族成员之间的聚会了。

4.3 行为链图

4.3.1 影响因素

借鉴橘弘志等（1997）对日常行为的分类，结合被调查区域中新农人职业类型，本书选取行为参与人和参与人互动关系来表征新农人的日常行为模式（表4-2）。

表4-2 日常行为的影响要素

影响要素	定义	指向
行为参与人	参与各类行为活动的新农人群	行为的规模
参与人互动关系	由于职业或家庭不同，导致参与行为的新农人形成不同阶层，不同阶层之间的互动产生不同的互动关系	行为的复杂程度

1. 行为参与人

一般而言，依据行为参与人数量的不同可将日常行为划分为：单人、双人、三人及多人行为。

（1）单人行为。单人行为是从事农林业生计的竹农人最为常见的类型之一，例如单个竹农人独自完成毛竹种植、砍伐等活动，而在生活行为中睡觉、学习等都是典型的个人行为，此类行为受时间、地点等限制较少。

（2）双人行为。如竹农人相互配合从事竹制品初加工活动，农家夫妻两人吃饭等。

（3）三人行为。如生产行为中三个竹匠人按照产品工艺的流程分别从事不同步骤，生活行为中三个家人就共同话题聊天。

（4）多人行为。结合本书调查结果发现，常见的多人行为涉及5～7人，如由五名竹匠人合作操作一台竹席编织机，一户农人家庭中由七、八个人参加的聚会等。

2. 参与人互动关系

参与人互动层级是指由于新农人职业或家庭的差异而在行为活动中形成的不同阶层，与此同时，不同的阶层之间形成了对等、主从、支配、统筹不同的互动关系。

（1）对等关系

多名相同职业类型新农人共同完成同一类行为过程中会形成平等关系。例如，二、三名竹农人在毛竹篾丝的过程中，他们使用的器具和实操内容均无差别，甚至能够相互帮助完成活计，换句话讲，同类型新农人之间平等，不存在地位差异。

（2）主从关系

两种职业类型的新农人共同完成同一类行为过程中多会形成主从关系。例如，在由竹农人和竹匠人共同完成竹席编织的过程中，他们中会有2名竹匠人负责操作机器以控制编织速度，另外3名竹农人会在旁边从事裁剪、运送及堆放竹席制品等活动。5人之中，以2名竹匠人为主，以3名竹农人为辅，几人相互配合，合作完成。

（3）支配关系

多名不同职业类型的新农人合作过程中，也会形成一类人主动发布任务、另一类人被动接受任务的合作关系。例如，在由竹商人、竹匠人和竹农人共同完成竹凉席营销等行为的过程中，竹商人负责订单及定价等，竹匠人负责产品生产，竹农人负责原料初步加工。各职业的新农人分工不同，他们之间形成了不同的互动关系：竹商人支配竹匠人从事生产，竹匠人支配竹农人展开劳作活动，他们之间形成支配链条，确保竹制品的顺利产出和销售。

（4）统筹关系

多名不同职业类型的新农人协作过程中也会形成一类新农人支配其他多种类别新农人的协作关系。例如，在竹商人、竹创客、竹白领和竹匠人共同完成文化创意竹制品营销行为的过程中，竹商人负责各个方面工作，竹创客负责产品研发和宣传等，竹白领负责财务及后勤等工作，竹匠人负责产品生产及包装。由竹商人统筹包含竹商人、竹创客、竹白领及竹匠人等各项行为活动，他们之间形成放射状的支配链条。

4.3.2 要素图示

为了清晰地表达新农人的日常行为，本书采用图示的方法来描述日常行为要素，称之为行为链图，即选择运用圆圈、短线、箭头等符号表达不同行为活动的组织关系。具体而言：用不同线型的圆圈"○"表示单个行为参与人；用不同线型的线条"▬"表示处于不同互动层级的新农人之间的互动关系；采用虚线圈"●"表示不同行为的互动范围（表4-3）。

表4-3   日常行为中的要素图示

构成要素		图示
行为参与人	新农人	○
参与人互动关系	对等	▬▬▬▬
	主从	▬ ▬ ▬ ▬ ▬
	支配/统筹	→
活动范围		●

（来源：研究团队整理绘制）

1. 行为参与人子系列

依据行为参与人数量的递增规律，建立"个人—双人—多人"子系列（表4-4），具体内容如下。

表4-4   行为参与人子系列下的日常行为

子系列	图示	常见的日常行为	
		生产行为	生活行为
X_1 单人行为		1名竹农人独自砍伐毛竹	1人独自睡觉
X_2 双人行为		2名竹农人合作竹梢修剪	2人吃饭
X_3 三人行为	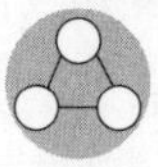	3名竹农人合作加工竹筷	3位家人聊天话家常
X_4 多人行为	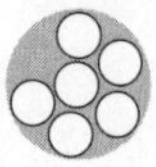	6名竹农人合作搬运竹制品	1组亲朋好友聚会

2. 参与人互动关系子系列

依据参与人互动层级递增的规律，建立"单级—双级—多级"子系列（表4-5），具体内容如下。

表4-5   参与人互动层级子系列下的日常行为

子系列		图示	常见的日常行为	
关系数量	互动关系		生产行为	生活行为
Y_1 1个关系	对等关系		2名竹农人合作竹梢修剪	1~3位家人吃饭
Y_2 2个关系	主从关系		1名竹匠人指挥2名竹农人对毛竹进行初加工	一家3人接待多名亲戚聚餐
Y_3 3个关系	支配关系		1名竹商人支配竹匠人加工竹凉席，1名竹匠人指挥2名竹农人对毛竹进行初加工	一家人、亲戚和朋友聚会
Y_4 多个关系	统筹关系		1名竹商人统筹，1名竹创客设计，2名白领及3名竹匠人研发、展示和营销文创竹制品	—

4.3.3 行为图谱

本书以行为参与人、参与人互动关系两个子系列为轴，建立了一个二维平面坐标空间，形成新农人的日常行为图谱（图4-22）。这种量化描述方法简单有效，有助于描述不同类型行为之间的关系，能够表征各项日常行为的"规模"或"复杂"程度。从谱系中排列的行为链图可知：

（1）行为参与人数增加了行为的规模

从需要1~2人即可完成的劳作行为至10人以上的文创类竹制品展示销售行为，行为参与人数量的增加，直接扩大了生产行为的规模。以生活行为举例，由1人参与的餐食至由10~12人参与的聚餐行为，体现出不同的行为规模。

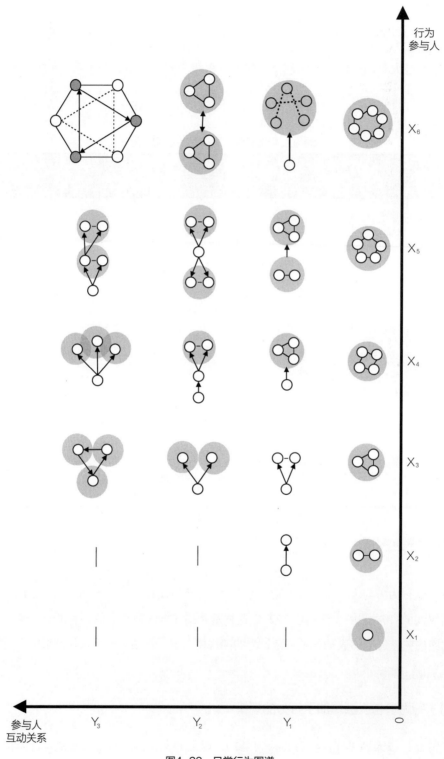

图4-22　日常行为图谱

（2）互动关系数增加了行为的复杂性

在诸多生产行为中，不同职业的新农人共同参与导致互动关系数量增加，进而衍生出多样化的互动关系，从而使得该生产行为"复杂"程度增加。例如文化创意类竹制品展示营销行为中，竹商人、竹创客、竹白领、竹匠人之间的多层级协作，包含对等、主从、支配和统筹等多种互动关系，不同家庭的新农人参与聚会等行为，其间各个新农人之间的互动关系丰富多彩。

（3）两个子系列的叠加效果

在行为参与人数量和参与人互动关系两个子系列指标叠加作用下，会出现多种组合的日常行为链图，这些链图是否具有实际价值，需要结合本书后文的实践验证来判断。

本章建构了新农人日常行为链图和图谱以描述不同新农人的日常行为，即采用抽象图示符号来描述行为主体阶层和关系类型。值得一提的是，本书采用1～6人的穷举法来建构日常行为图谱，有利于明确区分不同类型的行为特征，同时用图示化的描述方法清晰地演示出那些"独作""合作""协作"行为模式在图表中的分布区域。当然，仅仅依靠日常行为图谱，我们无法精确地识别这些行为模式背后的环境意义，因此，第5章将结合具体的使用器具、构筑物、建筑物及场地等环境设施，将日常行为具体化。

5

场景与构成

5.1　场景概述

5.1.1　行为与场景

"场景"一词源于舞台戏剧中的场面，后被泛指生活中人类行为的表现方式（彭兰，2015），涵盖空间、行为及心理的氛围。场景是人类行为的反映，是人类行为的表现方式（陈虎东，2016）。本书定义的场景是行为与空间的叠合体，坊宅场景即由新农人的日常行为和建筑及场地等客体空间共同构成的具有特定意义的环境。坊宅中的场景直观地反映了特定生计方式制约下的新农人日常行为特征和空间使用状况。一般来讲，坊宅场景包含了生产场景和生活场景两大类（图5-1、图5-2）。

图5-1　坊宅中的生产场景　　　　　　　　图5-2　坊宅中的生活场景

坊宅中的生产场景主要承载了新农人的生产行为及空间，而生活场景是以他们的生活行为及空间为主。坊宅中的场景随时间不断演进。以生产场景举例，坊宅中的"柴房""作坊""工场"等生产空间对应有各自的使用目的。不同职业的新农人在展开各类生产行为时对生产空间有不同需求，因此，在不同时期，除了利用建筑物、构筑物等空间的原本功用，新农人群还由于自身生计方式的转变产生了新的需求，即将新的生产行为内容纳入并开始转换生产空间的使用方式。因此，承载着不同生产行为的生产空间的特征各不相同。换句话讲，坊宅中的生产场景在不同生产行为中被赋予了不同的意义，这种意义体现在行为内容、行为参与者及参与者互动层级（关系）等多个要素之中。

5.1.2 行为与居室

如前文所述，坊宅中的场景由新农人的日常行为和客体空间共同组成，其中最主要的形式是由不同的行为内容与室内空间形成各类场景，即居室中开展行为活动生成的场景。如图5-3可知，不同的生产行为对应不同的居室空间，相互会有交织，具体包含：承载竹农人竹梢修剪、削切等初加工行为活动的农具间、柴草间和储存间等，均属于"柴房"；承载竹匠人、竹商人等从事竹席编织等行为活动的加工间等属于"作坊"；承载竹白领、竹创客等开展网络宣传、销售行为活动的展示厅、直播间及办公间等则属于"工场"范畴。与此同时，不同的生活行为对应不同的居室空间：承载不同农人之间聚会、休闲等社交活动的堂屋、待客室等居室；承载家人之间备餐、进餐等家庭互动行为的厨房、餐厅等居室；承载个人休息、整理等个人生活活动的卧室、书房、厕室等居室。值得一提的是，图5-3中的交通空间主要是指梯段、楼梯间等，用于联系竖直方向的交通，在针对典型坊宅的行为注记观察中，我们发现不少交通空间还承载了一些诸如存放鞋子、拖布和簸箕等生活用品的功能，是农人家庭中充分利用空间的常见做法。

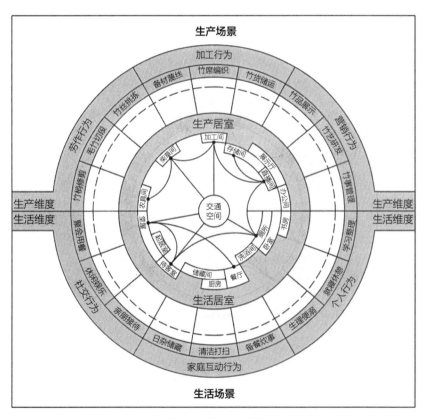

图5-3 行为与居室图

5.1.3　行为与场地

　　除了在居室内开展行为活动而生成的场景之外，坊宅还包含了室外空间中的场景，即由不同的行为与场地形成的场景。如图5-4可知，承载劳作行为活动的晾晒场地、承载加工行为活动的堆放场地、承载销售行为活动的货物转运场地等，均属于生产场地且形成了生产场景。值得一提的是，这些生产类场地的使用具有较强的季节性。研究团队在碧门村进行田野调查时发现，在毛竹砍伐时节（安吉地区毛竹生长、养护及砍伐均有固定的时段），一般在初春，竹农人们开始忙于竹梢修剪、毛竹削切等活动时，会占据大片场地，有时也会占用房前屋后的空地，而农忙时段过后，这些场地又会转变为竹凉席、板材等的堆放场地。因此，相同的场地会在不同的时段承载不同的活动，形成不同的生产场景。

　　与此同时，不少生活场地也可能和生产场地叠合使用。例如，承载社交、家庭互动行为活动的休闲场地，如廊下、院落、屋顶平台、生活杂院等，这些场地在农闲时段多为农人生活休闲使用，但是时节一变，便可以转作生产场地了。当然，承载个人行为活

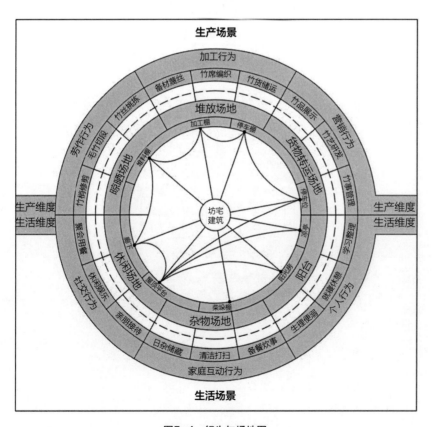

图5-4　行为与场地图

动的阳台等场地具有一定的私密性和专用性。

由上可知，行为内容、居室及场地形状成为影响坊宅场景的关键性因素。延续第4章中新农人日常行为的解读，本章将日常行为结合建筑等客体空间共同分析，即聚焦场景构成的比对解析。本书一再强调场景及场景构成的概念，目的是区别于空间组成式的概念及设计方式，一般具有较强的专用性。而场景构成则是基于主体日常行为的客体空间，强调行为和空间叠合效果及其相关范式具备的灵活性和兼容性。这两种概念及设计方式的区别在后文还会对比论述。

5.2 生产场景

生产场景指承载劳作、加工及营销行为活动的建（构）筑物环境，是坊宅中最具特色的场景，不同坊宅之间的分异就此展开。后文将选取不同时期的坊宅样本进行解读。

5.2.1 劳作场景

劳作场景包括竹农人进行竹梢修剪、竹丝挑拣等初加工活动的建筑环境，是坊宅中最为常见的场景之一。

1. 竹梢修剪场景（表5-1，图5-5）

表5-1 样本05概况及场景说明

农人概况	柴房空间	劳作场景
● 职业：竹农人 ● 常住李姓夫妻及女儿3人，早年间从事毛竹竹梢修剪，兼业制作竹扫帚，经济收入一般，现在县城工作	● 位置：距住宅入口10.0m，距院落出入口约9.0m ● 规模：单层棚，面宽约13.0m，进深约4.1m ● 对外联系：柴房东南侧为院落，院落深与柴房相仿，宽度约为13.0m。柴房西北侧为竹山，方便上山砍伐毛竹	● 时间：8:35～10:20 ● 地点：样本05的柴房及院落 ● 参与人：2名竹农人 ● 场景内容：2名竹农人分别进行竹段堆放与竹梢搬运；2名竹农人在院落中修剪毛竹 ● 器具：刀、木支架、叉车等

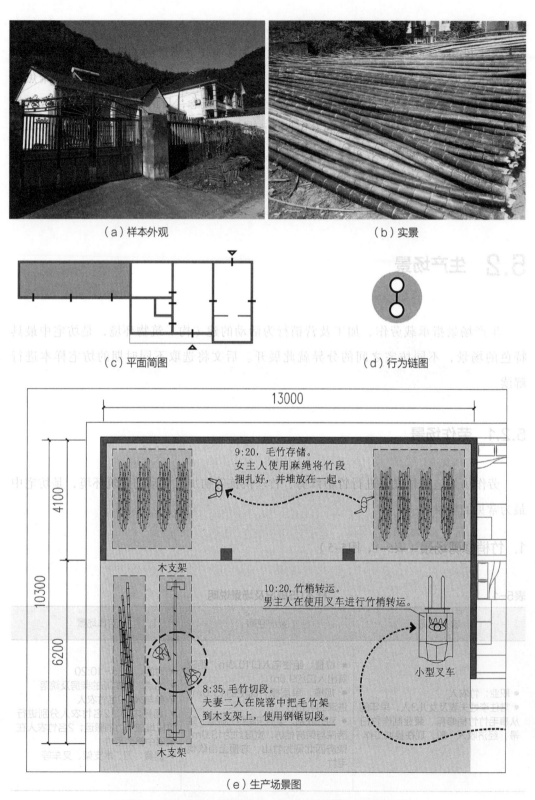

（a）样本外观　　　　　　　　　　　（b）实景

（c）平面简图　　　　　　　　　　　（d）行为链图

13000

4100

10300

6200

9:20, 毛竹存储。
女主人使用麻绳将竹段
捆扎好，并堆放在一起。

木支架

10:20, 竹梢转运。
男主人在使用叉车进行竹梢转运。

小型叉车

8:35, 毛竹切段。
夫妻二人在院落中把毛竹架
到木支架上，使用钢锯切段。

木支架

（e）生产场景图

图5-5　样本05的竹梢修剪场景（来源：研究团队拍摄及绘制）

2. 竹丝挑拣场景（一）（表5-2，图5-6）

表5-2   样本01概况及场景说明

农人概况	柴房空间	劳作场景
● 职业：竹农人 ● 家主人姓张，常住2人，主要从事农活，兼业竹丝挑拣贴补家用，经济收入较差	● 位置：距住宅出入口约24.0m，距院落出入口约5.0m ● 规模：单间单层建筑，面宽约8.0m，进深约6.0m ● 对外联系：柴房西南侧为院落，院落进深约为24.0m，宽度约为3.5m	● 时间：15:35~16:00 ● 地点：样本01的柴房及院落中 ● 参与人群：2名竹农人 ● 场景内容：2名竹农人在院落中共同挑拣竹丝；2名竹农人在柴房中放置收拾货品 ● 器具：刀、木支架等

（a）样本外观   （b）实景

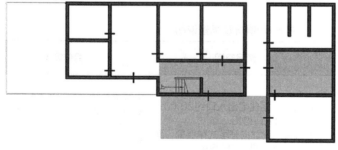

（c）平面简图   （d）行为链图

图5-6 样本01的竹丝挑拣场景（来源：研究团队拍摄及绘制）

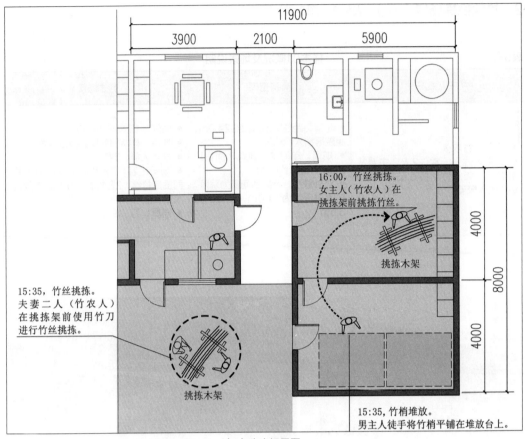

（e）生产场景图

图5-6 样本01的竹丝挑拣场景（来源：研究团队拍摄及绘制）（续）

3. 竹丝挑拣场景（二）（表5-3，图5-7）

表5-3 样本09概况及场景说明

农人概况	柴房空间	劳作场景
● 职业：竹农人 ● 家庭主人姓周，常住3人，主要从事毛竹初加工，兼业挑拣竹丝，经济收入较差	● 位置：距住宅出入口约20.0m，距院落出入口约18.0m ● 规模：南北向开敞式单层棚，面宽约8.9m，进深约6.5m。 ● 对外联系：柴房南侧为院落，院落进深约12.0m，宽度约27.0m，地面平坦	● 时间：17:05~17:30 ● 地点：青山村样本09中的柴房和院落内外 ● 参与人群：2名竹农人 ● 场景内容：2名竹农人在院落中合作挑拣竹丝；1名竹农人独自在柴棚下堆放竹梢 ● 器具：刀、木支架、堆放台等

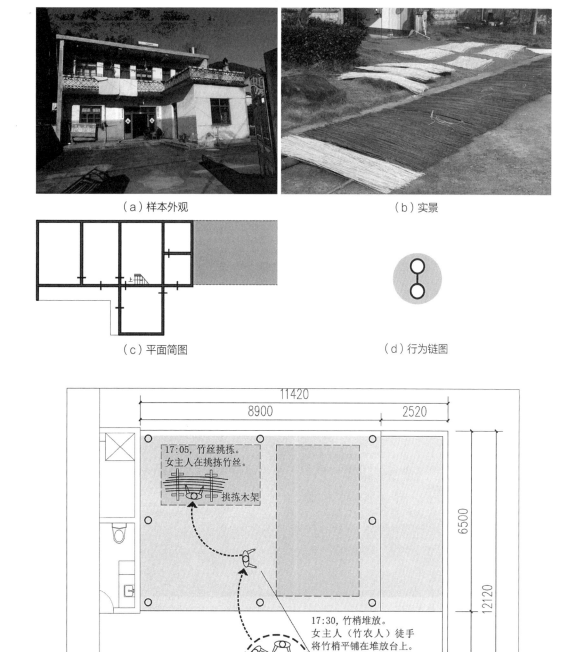

（e）生产场景图

图5-7　样本09的竹丝挑拣场景（来源：研究团队拍摄及绘制）

5.2.2　加工场景

加工场景包括承载竹匠人、竹商人合作开展的竹筷加工、竹席编织等活动的建筑环境，是Ⅱ代坊宅中最为常见的场景。

1. 竹筷加工场景（表5-4，图5-8）

表5-4　　　　　　　　　　　　　　　**样本14概况及场景说明**

农人概况	工坊空间	加工场景
● 职业：竹商人 ● 家庭主人姓许，常住5人，包含爷爷、许姓夫妻2人和2个孩子，主要从事竹制品加工，经济收入较好	● 位置：距住宅出入口约2.0m，距院落出入口约5.0m ● 规模：东西向工棚，面宽约10.0m，进深约23.1m ● 对外联系：工坊北侧为堂屋，堂屋进深约为6.0m，宽度约为4.0m	● 时间：10:05～11:00 ● 地点：样本14的工坊及院落 ● 参与人群：1名竹商人与2名竹匠人 ● 场景内容：竹商人正在监管竹匠人工作；3名竹匠人在工棚下编织竹凉席 ● 器具：毛竹拉丝机、成品打包台、小型叉车及中型货车等

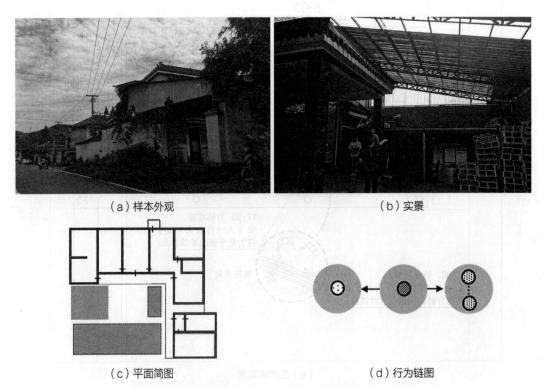

（a）样本外观　　　　　　　　　　（b）实景

（c）平面简图　　　　　　　　　　（d）行为链图

图5-8　样本14的竹筷加工场景（来源：研究团队拍摄及绘制）

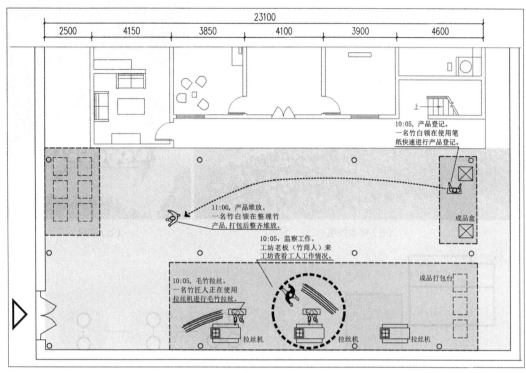

（e）加工场景图

图5-8 样本14的竹筷加工场景（来源：研究团队拍摄及绘制）（续）

2. 竹板材加工场景（表5-5，图5-9）

表5-5 样本12概况及场景说明

农人概况	工坊空间	加工场景
• 职业：竹商人 • 家庭主人姓余，常住5口人，包含奶奶、余姓夫妻2人和2个孩子。一家人在2000~2016年期间主要从事竹丝加工生产，2016年后逐步停业转行，经济收入较好	• 位置：距住宅出入口约40.0m，距院落出入口约25.0m • 规模：东西向单开间单层棚，面宽约16.0m，进深约8.0m • 对外联系：工坊西侧为院落，院落深与工坊长度约为17.0m，宽度约为7.0m，地面平坦	• 时间：9:30~11:30 • 地点：样本12中的柴房及院落空间 • 参与人群：2名竹商人和临时雇佣的5~7名竹匠人 • 场景内容：①有3名竹匠人共同用竹刀和简易机械修剪竹枝；②2名竹匠人合作使用粉碎机进行毛竹切段；③2名竹匠人进行竹梢粉碎工作 • 活动器具：刀、木支架、小型货车、小型叉车、竹枝粉碎机

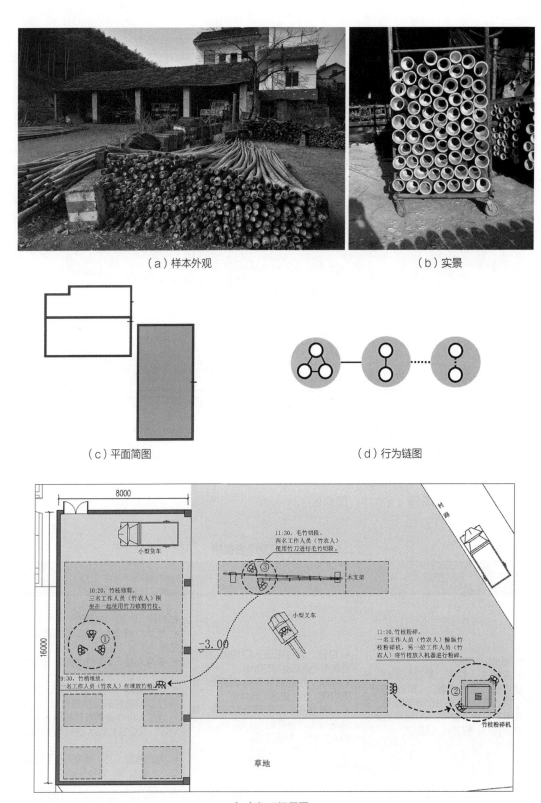

（a）样本外观

（b）实景

（c）平面简图

（d）行为链图

（e）加工场景图

图5-9 样本12的竹梢粉碎场景（来源：研究团队拍摄及绘制）

3. 竹席编织场景（一）（表5-6，图5-10）

表5-6 样本07概况及场景说明

农人概况	工坊空间	加工场景
• 职业：竹商人 • 家庭主人姓章，常住4人，不定期雇佣4名竹农人，主要从事竹席编织，兼业制作竹丝，经济收入稍高	• 位置：距住宅出入口约5.0m，距院落出入口约8.0m • 规模：南北向开放式大棚，面宽约20.0m，进深约24.5m • 对外联系：工坊北侧为堂屋，堂屋进深约为3.6m，宽度约为4.5m，地面平坦	• 时间：15:10~16:30 • 地点：样本07工坊 • 参与人群：1名竹商人与2名客户 • 场景内容：竹商人正为客户逐步介绍生产链；2名竹匠人在进行毛竹拉丝；1名竹匠人在合作堆放成品 • 器具：竹席编织机、毛竹拉丝机、三轮车、小型货车等

（a）样本外观

（b）实景

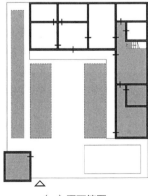

（c）平面简图

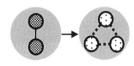

（d）行为链图

图5-10 样本07的竹席编织场景（来源：研究团队拍摄及绘制）

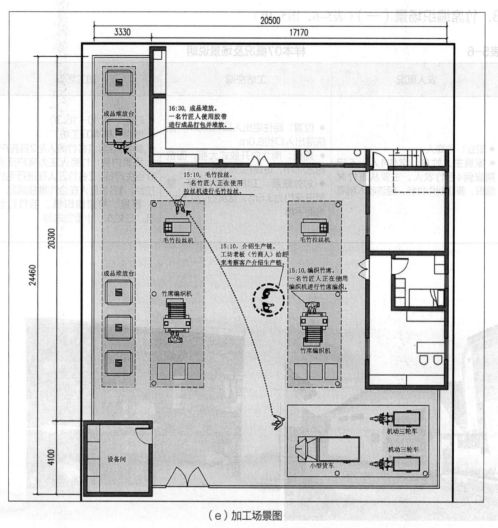

（e）加工场景图

图5-10 样本07的竹席编织场景（来源：研究团队拍摄及绘制）（续）

4. 竹席编织场景（二）（表5-7，图5-11）

表5-7 样本15概况及场景说明

农人概况	工坊空间	加工场景
• 职业：竹商人 • 家庭主人姓赵，主要从事竹席编织，兼业修剪竹梢，经济收入稍高	• 位置：距住宅出入口约22.0m，距院落出入口约25.0m • 规模：单层建筑，面宽约4.8m，进深约14.5m • 对外联系：工坊南侧的院落进深约为18.0m，宽度约为8.5m，地面平坦	• 时间：10:30~11:30 • 地点：样本15工坊 • 参与人群：1名竹商人与3名竹匠人 • 场景内容：竹商人在指挥1名竹匠人搬运竹丝；3名竹匠人在编织竹凉席，间或搬运货物 • 器具：竹席编织机、竹席堆放台、小型货车等

（a）样本外观

（b）实景

（c）平面简图

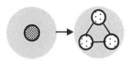

（d）行为链图

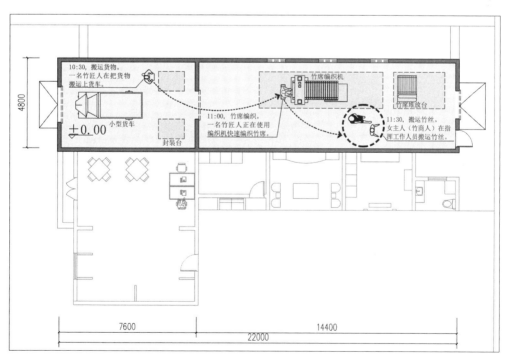

（e）加工场景图

图5-11 样本15的竹席编织场景（来源：研究团队拍摄及绘制）

5.2.3　营销场景

营销场景包括承载竹白领、竹创客及竹商人等协作开展竹工艺品设计研发、展示、网络销售等活动的建筑环境，是Ⅲ代坊宅中最为常见的场景。

1. 竹制品生产研发（表5-8，图5-12）

表5-8　　　　　　　　　　　　　　样本20概况及场景说明

农人概况	工场空间	营销场景
• 职业：竹商人 • 家庭主人姓陈，主要从事竹席编织，经济收入较高	• 位置：距离村子道路约1.5m • 规模：3层建筑的底层，面宽约11.0m，进深约21.0m • 对外联系：工场南侧为储藏间，储藏间进深约为2.2m，宽度约为6.5m	• 时间：8:30～09:20 • 地点：样本20工坊院落 • 参与人群：1名竹商人与6名工作人员 • 场景内容：竹商人正在监察工人工作；6名竹匠人在操作机器进行编织竹席；3名竹白领在协作堆放成品；1名竹农人在整理竹丝 • 器具：竹席编织机、竹席堆放台、小型叉车、小型货车等

（a）样本外观　　　　　　　　　　　（b）实景

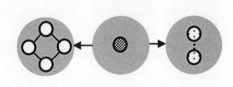

（c）平面简图　　　　　　　　　　（d）行为链图

图5-12　样本20的竹制品生产研发场景（来源：研究团队拍摄及绘制）

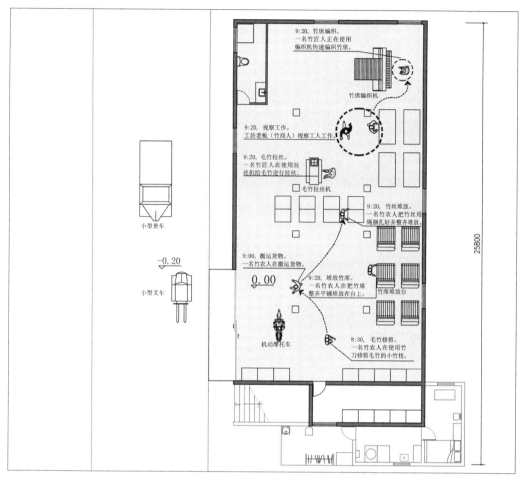

（e）营销场景图

图5-12 样本20的竹制品生产研发场景（来源：研究团队拍摄及绘制）（续）

2. 竹制品销售（表5-9～表5-11，图5-13～图5-15）

表5-9 **样本17概况及竹席印花场景说明**

农人概况	工场空间	营销场景
● 职业：竹商人 ● 工场主姓胡，2005～2015年间从事竹丝加工，2016年后转为竹席制作，有可观规模的家庭工厂，为典型的制作销售户。经济收入较高	● 位置：距住宅出入口约30.0m，距院落出入口约20.0m ● 规模：3层建筑的底层，面宽约18.5m，进深约9.0m ● 对外联系：工场南侧为院落，院落进深约为10.0m，宽度约为10.0m，地面平坦	● 时间：9:50～10:20 ● 地点：样本17北侧工场 ● 参与人群：5名工场工作人员 ● 场景内容：5名竹匠人正在合作操作机器进行竹席印花 ● 器具：竹席印花机、竹席堆放台、储藏柜等

（a）样本外观　　　　　　　　（b）实景

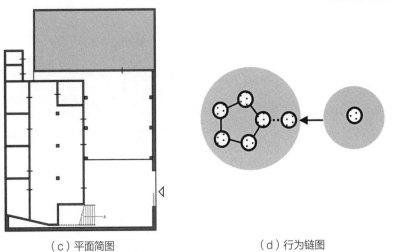

（c）平面简图　　　　　　　　（d）行为链图

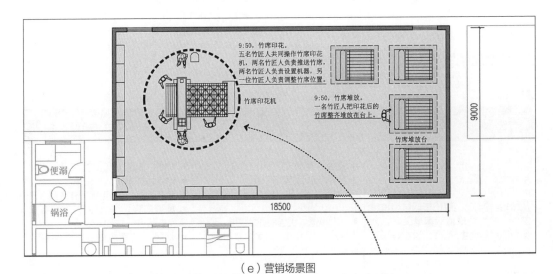

9:50，竹席印花。
五名竹匠人共同操作竹席印花机，两名竹匠人负责推送竹席，两名竹匠人负责设置机器，另一位竹匠人负责调整竹席位置。

竹席印花机

9:50，竹席堆放。
一名竹匠人把印花后的竹席整齐堆放在台上。

竹席堆放台

便溺

锅浴

18500

9000

（e）营销场景图

图5-13　样本17的竹席印花场景（来源：研究团队拍摄及绘制）

表5-10 **样本17概况及竹席编织场景说明**

农人概况	工场空间	营销场景
● 职业：竹商人 ● 工场主姓胡，2005~2015年间从事竹丝加工，2016年后转为竹席制作，有可观规模的家庭工厂，为典型的制作销售户。经济收入较高	● 位置：距住宅出入口约15.0m，距院落出入口约10.0m ● 规模：东西向单层建筑，面宽约23.0m，进深约22.0m ● 对外联系：工场东侧为院落，院落进深约为10.0m，宽度约为10.0m，地面平坦	● 时间：11:30~12:00 ● 参与人群：竹商人与8名工作人员 ● 场景内容：竹商人（老板）与客户洽谈合作；竹白领（会计）与老板对账；1名竹匠人在编织竹席；6名竹匠人处理竹丝 ● 器具：竹席编织机、毛竹拉丝机、堆放台等

（a）样本外观　　　　　　　　　　　（b）实景

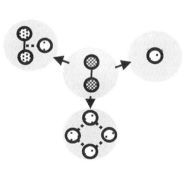

（c）平面简图　　　　　　　　　　　（d）行为链图

图5-14　样本17的竹席编织场景（来源：研究团队拍摄及绘制）

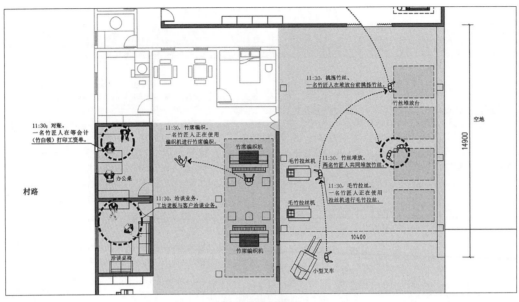

（e）营销场景图

图5-14 样本17的竹席编织场景（来源：研究团队拍摄及绘制）（续）

表5-11 样本17概况及搬运竹席场景说明

农人概况	工场空间	营销场景
● 职业：竹商人 ● 工场主姓胡，2005～2015年间从事竹丝加工，2016年后转为竹席制作，有可观规模的家庭工厂，为典型的制作销售户。经济收入较高	● 位置：距住宅出入口约15.0m，距院落出入口约10.0m ● 规模：东西向单层建筑，面宽约23.0m，进深约22.0m ● 对外联系：工场东侧为院落，院落进深约为10.0m，宽度约为10.0m，地面平坦	● 时间：11:20～11:40 ● 地点：样本17西侧工场下部分 ● 参与人群：2名竹匠人 ● 场景内容：2名竹匠人协作使用编织机编织竹席；1名竹白领在驾驶叉车搬运竹席 ● 器具：竹席编织机、机动三轮车、小型叉车等

（a）样本外观

（b）实景

图5-15 样本17的搬运竹席场景（来源：研究团队拍摄及绘制）

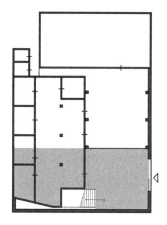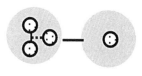

（c）平面简图　　　　　　　　　　　　　　（d）行为链图

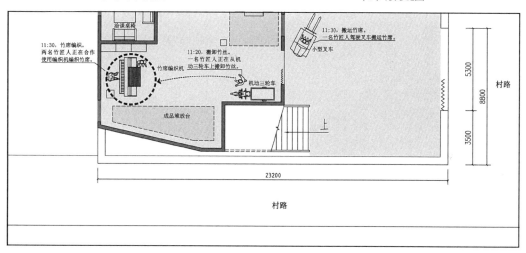

（e）营销场景图3

图5-15　样本17的搬运竹席场景（来源：研究团队拍摄及绘制）（续）

3. 竹工艺品网销（表5-12～表5-14，图5-16～图5-18）

表5-12 　　　　　　　　　　　　　样本19概况及营销场景说明1

农人概况	工场空间	营销场景
• 职业：竹创客 • 企业主姓沈，2000～2015年间从事竹凉席编织加工。经济收入颇高	• 位置：距住宅出入口约16.0m，距院落出入口约为22.0m² • 规模：东西向单开间单层建筑，面宽约23.0m，进深约13.0m • 对外联系：工场西侧为院落，院落进深为21.0m，宽度约15.0m	• 时间：10:20～10:50 • 地点：样本19东北工场 • 参与人群：1名竹创客与5名竹匠人 • 场景内容：①竹创客正在为客户介绍竹工艺品；②4名竹匠人在整理竹工艺品 • 器具：文创竹品展台、业务洽谈台、货物分拣台、竹工艺品展台等

（a）样本外观

（b）实景

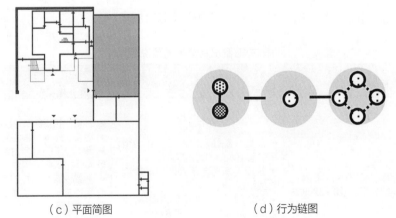

（c）平面简图　　　　　　　　（d）行为链图

图5-16 样本19的营销场景1（来源：研究团队拍摄及绘制）

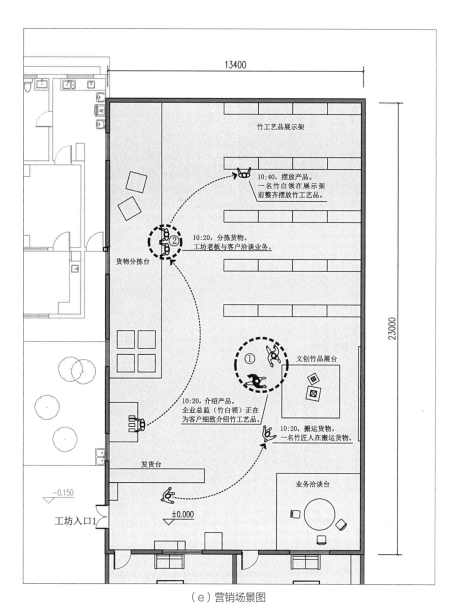

（e）营销场景图

图5-16 样本19的营销场景1（来源：研究团队拍摄及绘制）（续）

表5-13 样本19概况及营销场景说明2

农人概况	工场空间	营销场景
• 职业：竹创客 • 企业主姓沈，2000～2015年间从事竹凉席编织加工。经济收入颇高	• 位置：距住宅出入口约16.0m，距院落出入口约22.0m • 规模：南北向单开间单层建筑，面宽约13.4m，进深约7.0m • 对外联系：工场西侧为院落，院落进深约为21.0m，宽度约为15.0m，地面平坦	• 时间：10:20～10:50 • 地点：样本19东侧工场 • 参与人群：1名竹创客与3名竹白领 • 场景内容：竹创客正在询问竹白领流水情况 • 器具：洽谈桌椅、办公桌、茶桌等

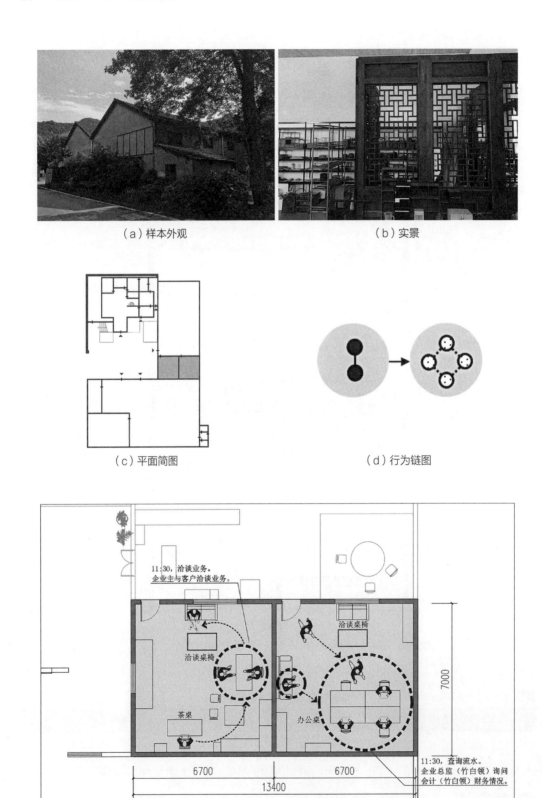

（a）样本外观　　　　　　　　　　（b）实景

（c）平面简图　　　　　　　　　　（d）行为链图

11:30，洽谈业务。
企业主与客户洽谈业务。

洽谈桌椅

洽谈桌椅

茶桌

办公桌

7000

6700　　　　　　　6700

13400

11:30，查询流水。
企业总监（竹白领）询问
会计（竹白领）财务情况。

（e）营销场景图

图5-17　样本19的营销场景2（来源：研究团队拍摄及绘制）

表5-14 样本19概况及营销场景说明3

农人概况	工场空间	营销场景
● 职业：竹创客 ● 企业主姓沈，2000~2015年间从事竹凉席编织加工。经济收入颇高	● 位置：距住宅出入口约32.0m，距院落出入口约15.0m ● 规模：南北向单开间单层建筑，面宽约19.4m，进深约20.8m ● 对外联系：工场北侧为院落，院落进深约为21.0m，宽度约为15.0m，地面平坦	● 时间：11:20~11:50 ● 地点：样本19西南侧工场 ● 参与人群：1名竹创客与3名竹白领 ● 场景内容：3名竹白领正在处理直播带货相关事宜 ● 器具：直播台、摄像机、补光灯、货物展示台等

（a）样本外观

（b）实景

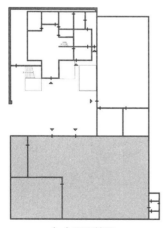

（c）平面简图

（d）行为链图

图5-18 样本19的营销场景3（来源：研究团队拍摄及绘制）

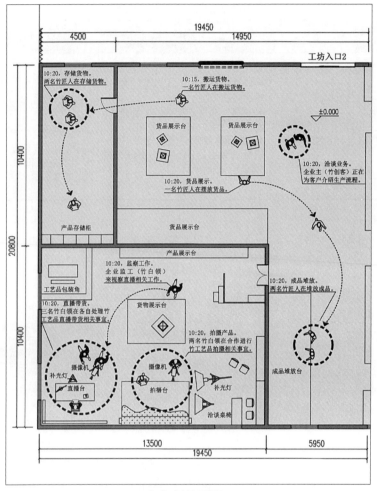

（e）营销场景图

图5-18　样本19的营销场景3（来源：研究团队拍摄及绘制）（续）

5.3　生活场景

　　生活场景是指承载了社交、家庭互动及个人生活行为活动的建（构）筑物环境，是坊宅中的必备场景。虽然对比生产行为的分异，农人生活行为的差别并没有那么明显，但也存在一定的时代特点。本节将选取不同代际坊宅样本进行解读。

5.3.1　社交场景

　　社交场景含农人家人、亲朋间聚会、聊天及待客等，是坊宅中常见的场景之一。

1. 样本05（表5-15）

表5-15

样本05的社交场景

<table>
<tr><td rowspan="2">概况</td><td>农人概况</td><td colspan="2">● 职业：竹农人
● 常住李姓夫妻及女儿共3人，早年间从事毛竹竹梢修剪，兼业制作竹扫帚，经济收入一般，现在县城工作</td><td rowspan="2">实景
</td></tr>
<tr><td>堂屋空间</td><td colspan="2">● 位置：距出入口约3.00m
● 规模：面宽约4.8m，进深约8.0m
● 对外联系：堂屋南侧为院落，进深约13.0m，宽度约4.0m</td></tr>
<tr><td rowspan="1">活动内容</td><td>休闲洽谈
● 时间：14:30~16:30
● 内容：①李大哥与亲戚在聊天；②妻子与邻居在拉家常
● 器具：沙发、木椅、茶几</td><td>亲朋聚餐
● 时间：11:30~12:30
● 内容：李大哥一家在方形桌凳上聚餐
● 器具：方桌、条凳、条柜</td><td colspan="2">接待客人
● 时间：16:30~17:30
● 内容：①一家人与亲朋聚餐；②餐后与好友在隔间闲聊；③3名小孩做游戏
● 器具：可折叠桌椅、茶几</td></tr>
<tr><td>生活场景图</td><td></td><td></td><td colspan="2"></td></tr>
<tr><td>行为链图</td><td></td><td></td><td colspan="2"></td></tr>
</table>

（来源：研究团队拍摄及绘制）

2. 样本01（表5-16）

表5-16　　　　　　　　　　　　　　　　样本01的社交场景

概况	农人概况	● 职业：竹农人 ● 家主人姓张，常住2人，主要从事农活，兼做竹丝挑拣贴补家用，经济收入较差	实景 
	堂屋空间	● 位置：距住宅出入口1.0m ● 规模：面宽约4.4m，进深6.50m ● 对外联系：堂屋南侧为院落，院落进深约31.0m，宽度约8.0m，入口有缓坡，毗邻竹山，景色优美	

活动内容	亲朋聚会 ● 时间：16:30~17:30 ● 内容：张大哥与亲戚朋友聊天拉家常 ● 器具：沙发、座椅、茶几等	娱乐活动 时间：19:30~21:30 ● 内容：张大哥与邻居在打麻将 ● 器具：麻将桌、座椅	休闲日常 ● 时间：10:30~11:30 ● 内容：张大哥一家与亲朋聚餐，餐后与好友在隔间闲聊；3名小孩在做游戏 ● 器具：可折叠桌椅、茶几

生活场景图

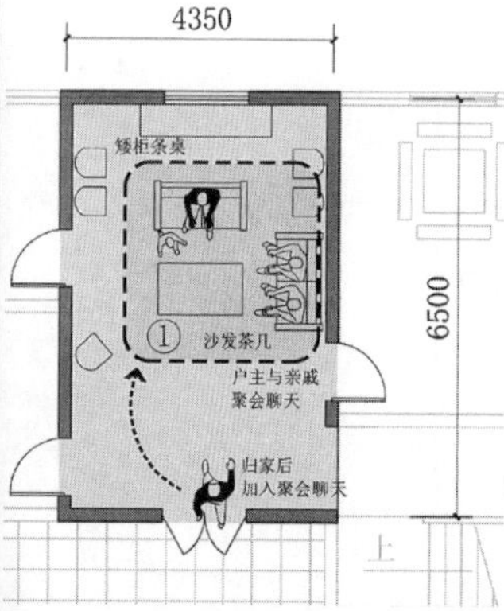

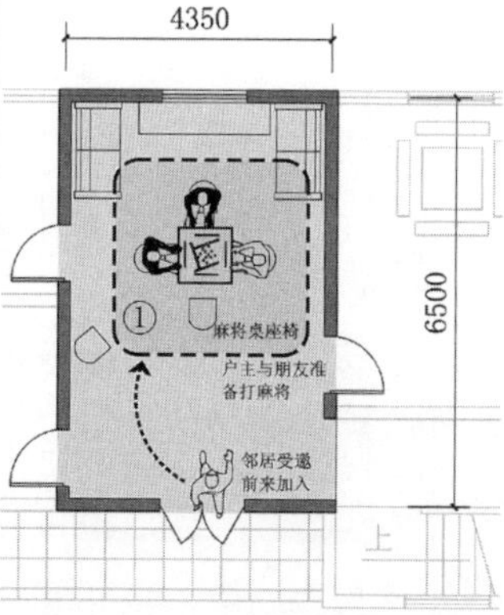

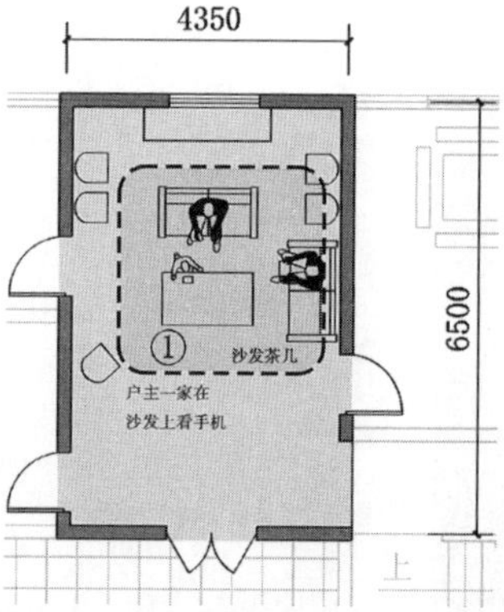

行为链图

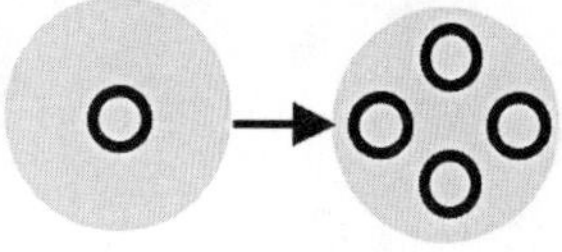

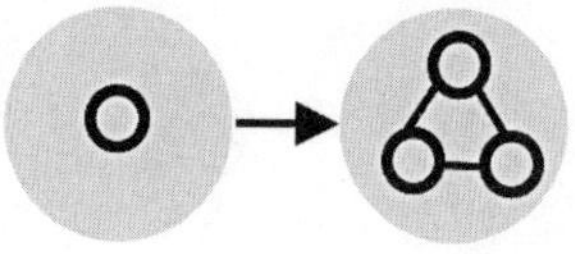

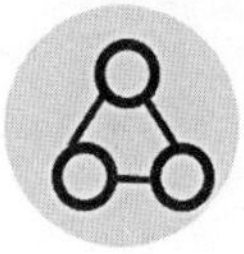

（来源：研究团队拍摄及绘制）

3. 样本15（表5-17）

表5-17 **样本15的社交场景**

概况	农人概况	● 职业：竹商人 ● 家庭主人姓赵，主要从事竹席编织，兼做修剪竹梢，经济收入稍高	实景
	堂屋空间	● 位置：堂屋距出入口距离约22.8m；会客间距出入口约2.0m ● 规模：室内空间，堂屋面宽约3.9m，进深约为4.3m；会客间面宽约4.20m，进深约为6.7m ● 对外联系：堂屋南侧为院落改造的工场空间，会客间需经过两栋厂房间的过道	

活动内容	休闲洽谈 ● 时间：10:30~11:30 ● 内容：①赵大哥在堂屋西侧的会客厅与两位朋友进行闲聊；②③女主人与亲戚在堂屋聊天喝茶，两个小孩坐沙发上玩手机游戏 ● 器具：沙发、茶几、条柜、座椅

生活场景图	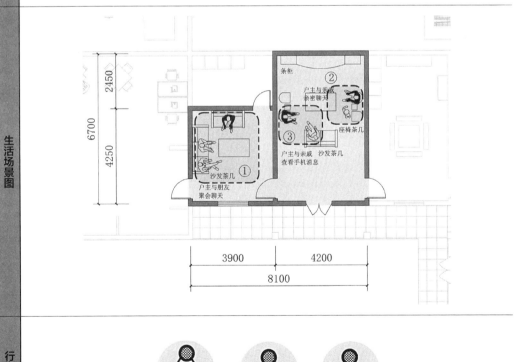

行为链图	

（来源：研究团队拍摄及绘制）

4. 样本19（表5-18）

表5-18   样本19的社交场景

概况	农人概况	• 职业：竹创客 • 企业主姓沈，2000～2015年间从事竹凉席编制加工。经济收入颇高	实景
	堂屋空间	• 位置：堂屋距出入口距离约20.0m；会客间距出入口约2.0m • 规模：室内空间，堂屋面宽约4.5m，进深约9.0m • 对外联系：堂屋为坐北朝南的3层建筑，堂屋南侧为院落，院落东面和南面是工场，整个空间呈现环状布置	

| 活动内容 | 休闲聊天1
• 时间：10:20～10:50
• 行为内容：①在堂屋入户处，户主接待亲戚、朋友进行换鞋；②随后带着朋友到达客厅，坐在沙发上聊天
• 器具：电视机、电视柜、沙发、茶几、鞋柜 | 休闲聊天2
• 时间：12:55～13:30
• 行为内容：户主一家坐在沙发上一起看电视聊天，两个小孩正从其他空间到达客厅一起看电视
• 器具：电视机、电视柜、沙发、茶几 | 休闲日常
• 时间：14:20～16:30
• 行为内容：户主夫妇在客厅聊天，小孩走来向他父母撒娇
• 器具：座椅茶几、座椅书桌 |

| 生活场景图 | | | |

| 行为链图 | | | |

（来源：研究团队拍摄及绘制）

5.3.2 家庭互动场景

家庭互动场景是指农人家人之间备餐、进餐、清洁等活动，是坊宅中每天必备的场景之一。

1. 样本02（表5-19）

表5-19　　　　　　　　　　　　**样本02的家庭互动场景**

概况	农人概况	● 家庭主人姓朱，夫妻二人居住，平时以务农为主，兼业从事毛竹初加工	实景
	餐厨空间	● 位置：位于一层堂屋东侧，与储藏室相邻，开小窗，较为私密 ● 规模：面宽约3.8m。进深约4.2m ● 对外联系：北侧有门通往辅助用房，南侧需穿过堂屋到达前院	

活动内容

家庭聚餐
● 时间：11:15~12:00
● 行为内容：户主正在储藏室，准备拿粮食去厨房做饭，做好后坐灶台边的餐桌上就餐
● 器具：灶台、方桌、条凳、储藏柜

生活场景图

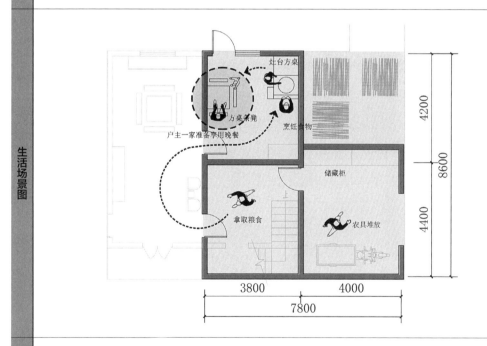

行为链图

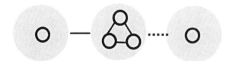

（来源：研究团队拍摄及绘制）

2. 样本13（表5-20）

表5-20   **样本13的家庭互动场景**

<table>
<tr><td rowspan="2">概况</td><td>农人概况</td><td>● 职业：竹商人
● 家庭主人姓余，常住5口人，包含奶奶、余姓夫妻2人和2个孩子。一家人在2000~2016年期间主要从事竹丝加工生产；2016年后逐步停业转行，经济收入较好</td><td rowspan="2">实景
</td></tr>
<tr><td>餐厨空间</td><td>● 位置：位于主建筑一层的西北角
● 规模：厨房1，面宽约5.4m，进深约5.7m；厨房2，宽约6.2m，进深约4.3m
● 对外联系：位于院落西侧，空间开敞</td></tr>
<tr><td>活动内容</td><td colspan="3">家庭聚餐
● 时间：11:30~12:30
● 行为内容：场景1，户主准备享用午餐；场景2，户主准备午饭，然后就餐
● 器具：煤气灶、圆桌、方凳、收纳柜、洗碗槽、方桌、灶台、条凳</td></tr>
<tr><td>生活场景图</td><td colspan="3">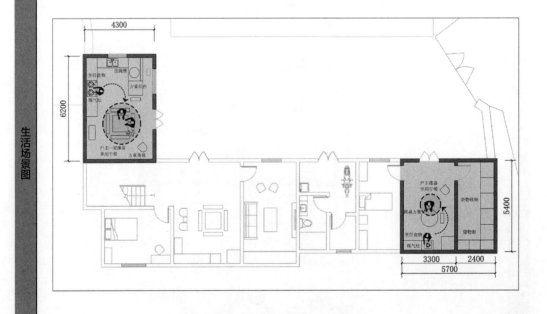</td></tr>
<tr><td>行为链图</td><td colspan="3">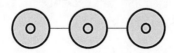</td></tr>
</table>

（来源：研究团队拍摄及绘制）

3. 样本19（表5-21）

表5-21		样本19的家庭互动场景

<table>
<tr><td rowspan="2">概况</td><td>农人概况</td><td>● 职业：竹创客
● 企业主姓沈，2000～2015年间从事竹凉席编制加工。经济收入颇高</td><td rowspan="2" colspan="2">
实景</td></tr>
<tr><td>餐厨空间</td><td>● 位置：位于建筑一层东南角，入口附近
● 规模：面宽约8.6m，进深约7.8m
● 对外联系：西侧有门通往客厅，南侧是院落</td></tr>
</table>

活动内容

休闲聚餐
● 时间：10:30～11:30
● 行为内容：户主一家与亲戚聚餐
● 器具：圆桌、座椅、洗手池、冰箱、条凳、灶台、洗碗槽

生活场景图

（平面图：8600，3900，4700，7800，4400，3400；储物柜、洗碗槽、洗菜备餐、烹饪食物、煤气灶、冰箱、洗手池、户主一家与亲戚聚餐、圆桌座椅、条柜）

行为链图

（来源：研究团队拍摄及绘制）

5.3.3　个人生活场景

个人生活场景指农人休息、学习、整理、如厕等活动。

1. 样本05（表5-22）

表5-22　　　　　　　　　　　　样本05的个人生活场景

概况	农人概况	• 职业：竹农人 • 常住李姓夫妻2人，早年间从事毛竹竹梢修剪，兼业制作竹扫帚，经济收入一般，现在县城工作	实景 
	卧室空间	• 位置：位于主建筑一层西侧 • 规模：面宽约4.9m，进深约8.0m • 对外联系：与客厅相连	

活动内容	便溺、休息 • 时间：13:30~14:00 • 行为内容：先是在卫生间进行便溺，随后准备上床休息 • 器具：书桌、座椅、坐便器、洗手池

生活场景图	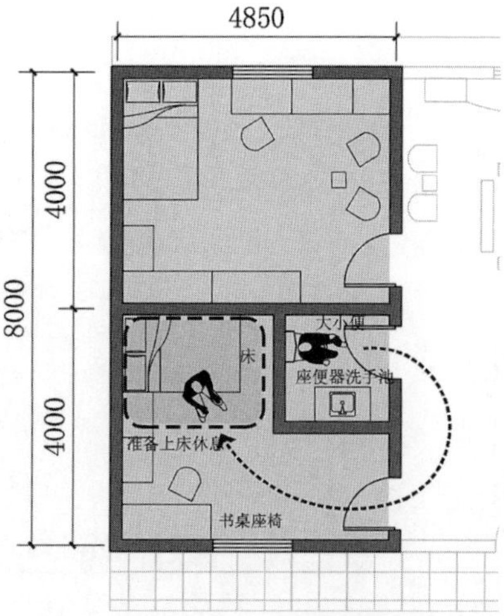

行为链图	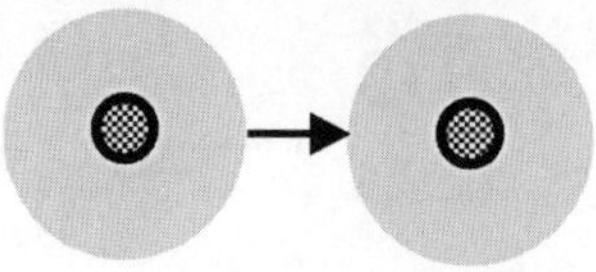

（来源：研究团队拍摄及绘制）

2. 样本13（表5-23）

表5-23 样本13的个人生活场景

概况	农人概况	● 职业：竹商人 ● 家庭主人姓余，常住5口人，包含奶奶、余姓夫妻2人和2个孩子。一家人在2000～2016年期间主要从事竹丝加工生产；2016年后逐步停业转行，经济收入较好	实景
	卧室空间	● 位置：位于主建筑二层 ● 规模：卧室1，面宽约4.0m，进深约4.5m；卧室2，面宽约4.1m，进深约4.0m ● 对外联系：通过走廊进楼梯间到达一楼客厅	
活动内容		便溺、休息 ● 时间：14:00～15:00 ● 行为内容：场景1：户主准备上床休息；场景2：户主先便溺，后上床休息 ● 器具：衣柜、床、书桌、座椅、淋浴间、衣柜、床、书桌 午间休息 ● 时间：13:10～14:00 ● 行为内容：户主直接上床睡觉 ● 器具：衣柜、床头柜、书柜、方桌、条凳	
生活场景图			
行为链图			

（来源：研究团队拍摄及绘制）

3. 样本20（表5-24）

表5-24　　　　　　　　　　　　**样本20的个人生活场景**

概况	农人概况	● 职业：竹商人 ● 家庭主人姓陈，主要从事竹席编织，经济收入较高	实景
	卧室空间	● 位置：位于主建筑三层 ● 规模：面宽约5.8m，进深约6.6m ● 对外联系：通过三层过厅进楼梯间，到达一层客厅	

活动内容

午间休息
● 时间：12:30-13:00。
● 行为内容：户主准备午休，其儿子正在书房看书学习，其妻子正在使用卫生间
● 器具：沙发、书桌、座椅、床头柜、床、电视柜

生活场景图

行为链图

　　乡村农人的日常行为是社会、家庭交往的动态过程。受到坊宅客体空间属性、周边人群状况及自身属性的综合影响，农人在开展各项行为活动的过程中成为场景中的成员或成员之一，或主导，或参与，或介入相应的人群行为中。拥有便利可及的活动设施、安全健康的内部环境、灵活可调的使用器具及家具等物质条件，再加上相同或相关联的职业身份等社会因素，这些条件对形成丰富的坊宅特定模式和场所感有重要作用。

6

系统与模式

6.1　系统化排列

经过前几章的论述可知，各式的生产场景是坊宅最为显著的特色。通过确定生产场景的"区位"（这里的区位是指某处生产场景在地域群体场景中的等级）并识别该生产场景与其他场景的关系，我们才能够提出更科学合理的坊宅设计规则。本节将选取碧门村21处坊宅样本中的生产场景进行系统化排列。

6.1.1　一个系统

本书提出建构一个系统对坊宅的生产场景进行系统化排列，并基于生产场景来认定一处坊宅在其所在村落环境中的"区位"，这也是本书论述的核心问题。通过这个系统我们可以看到：一方面，有些同一时期建造的坊宅，虽然有着相似的建筑材料或构件样式等，但是从日常行为视角来分析，它们之间存在明显差异，因此被划分为不同的类型；另一方面，有些坊宅虽然在空间组成的视角下存在一定的差别，但他们承载着一样的日常行为模式，从而被系统认定为同一类坊宅。

因此，以生产场景为考察点，本书采用了行为参与人和参与人互动关系这两个要素为纵横坐标轴，建构了生产场景的系统化坐标系，以两个要素的数量为计算指标排列碧门村21处坊宅样本（有关21处坊宅生产场景中行为参与人和参与人互动关系数量可参见本书附录），经研究团队整理改绘后得到相应的散点标识分布图。

6.1.2　总体特征

从生产场景系统化排列的散点标识分布（图6-1）结果可知：

（1）总体分布

碧门村21处坊宅生产场景整体呈线性分布，其中样本01、05、21和样本13、20的计算指标相同，因此采用同一标识符号表达。

（2）极值描述

样本19位于散点标识分布图的最右上角，其生产行为参与人和互动关系的数量均最多，说明其生产场景中的生产行为活动拥有最大的规模和交互复杂程度。结合田野调查可知，坊

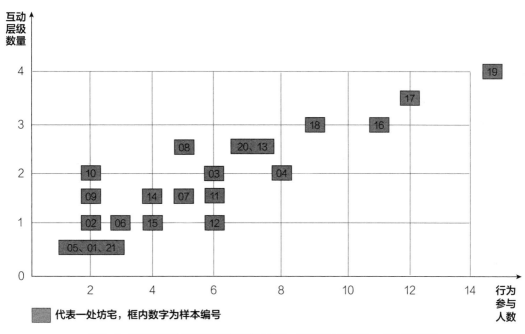

图6-1 21处坊宅生产场景系统化排列来源：研究团队依据Excel散点图改绘

宅样本19即其名为"山下手作"的坊宅，其生产行为内容为文创类竹制品的展销，行为参与人数达到15人，参与人互动层级为4级（包含了竹商人、竹创客、竹匠人和竹白领人群），有8种互动关系，场景的地域影响力较大，在当地从事竹制品的企业中拥有"大名气"。

样本01、05、21位于散点标识分布图的最左下角，是生产行为参与人数量和互动关系最少的代表，说明其场景中的生产行为规模和交互复杂程度最小。结合田野调查可知，其多为竹农人兼竹制品初加工活动，生产规模较小且空间相对简陋，类似于此的生产场景在当地坊宅中数量较多。

（3）分布密度

从散点标识分布图的图形密度分布情况分析，21处坊宅样本沿着坐标系左下至右上方向的样本数由多变少。这说明生产行为规模和交互复杂程度较低的坊宅场景较多，生产行为规模和交互复杂程度较高的坊宅场景较少。

6.1.3 "互助性"水平

本书在此采用"互助性"的概念来描述日常行为的差异程度，并以此作为坊宅场景类别划分的依据。"互助性"是指日常行为中的行为参与人和参与人互动层级这两者交互后体现出来的规模和交互复杂程度。如果将"互助性"这个指标拆解表达的话，那么行为参与人和参与人互动关系数量的乘积决定它的高低，即"互助性"水平。换句话讲，这两个要素均和"互助性"水平呈正相关关系，即行为参与人的数值越大或者说参与人互动关系数量越多，行为的"互助性"水平也就越高。如此，我们依据行为"互助性"水平的高低将21处坊宅划分为高、中、低三种类别，具体分类结果见图6-2和表6-1。

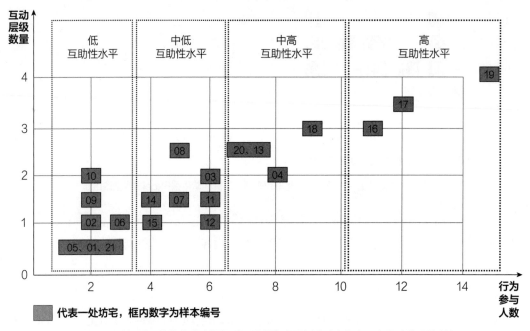

图6-2 碧门村21处坊宅生产场景"互助性"水平划分（来源：研究团队整理绘制）

（1）低"互助性"水平场景

由图6-2可知，位于系统第一行的区域为低"互助性"水平场景，样本01、02、05、06、09、10、21为此类型的代表。此类生产场景中的行为参与人一般为2~3人，参与人互动层级多为1级，即竹农人为参与人群，其互动关系多为竹农人间的对等关系，偶见竹匠人参与其中。其中，样本01、05、21互助性水平最低。值得一提的是，样本21建于2015年，虽然其建筑空间样式较新，但其居住者仅农忙时节在其坊宅底层辅房中从事毛竹初加工行为，因此互动关系较为简单。

（2）中"互助性"水平场景

结合样本分布情况，我们将中"互助性"水平场景划分为中低和中高两个亚类分别描述：中低"互助性"水平场景以样本03、07、08、11、12、14、15为典型代表。此类生产场

表6-1

21处坊宅生产行为链图

分类	互动层级	行为链图						
低"互助性"水平	1层级	05	01	21	06	09	02	10
中"互助性"水平	2/3层级	07		15		14		11
		13		08		03		18
	3层级	20		12		04		
中高								
高"互助性"水平	多层级	16		17		19		

景中的行为参与人增长至4~6人，参与人互动层级多为1~2级，还是以竹匠人和竹农人群之间对等、主从关系为主。中高"互助性"水平场景以样本04、13、20为代表。在该类生产场景中的行为参与人多为7~10人，互动层级数并没有显著增长，虽多数样本为2级，即竹匠人和竹农人两类新农人参与，偶见竹商人出现。但互动关系也开始增加，例如部分样本如03、04、11及20中出现了支配关系，互动关系数量有了明显的增长。

（3）高"互助性"水平场景

样本16、17、19为高"互助性"水平场景的代表，场景中行为参与人增长至11~15人，互动层级数一般为3级及以上，涉及竹商人、竹匠人、竹创客及竹白领等三、四类新农人，且他们之间出现了对等、主从及支配等5~8种互动关系，比之前中"互助性"水平的复杂程度有明显提升。样本19为此类场景的代表，生产行为参与人数达到15人，互动层级为4级，涉及竹商人、竹创客、竹白领及竹匠人四类新农人，他们之间存在着统筹、支配、主从及对等8个互动关系，是21处坊宅中最为复杂的生产行为模式。当然，结合田野调查可知，样本19为乡村网红电商，以文化创意类竹制品的展示营销行为为主，在碧门村声名远震。

场景设计是对特定日常行为的空间安置和管理。从主体视角来看，这种安置和管理可以看作对从事不同日常行为的新农人进行空间分隔。如果更进一步分析，还可以看作对拥有不同数量的行为参与人和具有不同互动关系数量的日常行为进行类别区分。

本节依据"互助性"水平从低至高将坊宅划分为三种类别，不同"互助性"对应了不同行为参与人和参与人互动关系的数量，并列举了典型样本。这种系统化排列方式体现了本书从日常行为视角衡量乡村坊宅建筑的观点。

6.2 场景构成及图谱

6.2.1 场景构成

1. 场景构成定义

坊宅场景是新农人日常行为和客体空间的叠合体。场景构成指将客体空间和日常行为抽象为无具体尺寸的图示符号，进而通过拓扑性连接表达场景的方式。

2. 要素图示

本书采用场景构成图表达不同坊宅场景。场景构成图是行为链图、空间示意图两类元素的组合，即运用不同线型圆圈、短线及箭头等符号表达不同农人、行为活动及空间的组织关系。值得一提的是，区别于本书第4章中以空心的圆圈表示新农人，本章采用不同填充图案的圆圈表示5种新农人（表6-2）。而参与人互动关系这一指标的图示细分为4种：对等、主从、支配和统筹。其中，对等关系是指参与者之间不分彼此、可互换的平等关系；主从关系是指一人为主、其他人辅助的互动关系；支配关系是指一人管理其他人操作的互动关系；统筹关系则是一人支配多方人的互动关系。另外，采用不同线型的圆圈表示不同的客体空间。

表6-2 场景中的构成要素图示

构成要素		符号图示
日常行为（行为参与人）	竹农人	○
	竹匠人	◌
	竹白领	◍
	竹商人	◕
	竹创客	●
客体空间	间室空间	⬚
	大空间	□
	院落/棚等	▣
其他	出入口部	◀
	联通处	▬

注：间室是指坊宅中的单个居室，一般以1个开间为1个间室；大空间是指有些间室之间的隔墙打通之后出现的大尺度房间，还包含开间、进深和层高的尺寸数倍于普通间室的空间，一般用于生产性用房；院落是指坊宅外部的宅基地范围，一般会大于前述各种客体空间。（来源：研究团队整理绘制）

3. 场景构成图

结合第4章中论述的新农人的行为链图，本节采用行为参与人、客体空间及其他等要素组合形成场景构成图。前文6.1中部分坊宅样本的场景构成图如表6-3所示。

表6-3 　　　　　　　　　　　　　　生产场景构成图说明

	生产场景	场景构成图	空间组成图
01	2名竹农人在柴棚修剪毛竹材		
02	2名竹匠人在柴房中制作竹家具		
03	1名竹商人和3名竹匠人在作坊中加工竹制品		

4. 空间组成图

　　与场景构成图对应的是空间组成图，指包含了各种具象的门窗、墙体等建筑构件和家具设施的方案范式图，即建筑学意义上的建筑平面图等（见表6-3）。本书在后文将进一步讨论空间组成和场景构成的差异和联系。

　　以下将针对21处坊宅生产场景构成的单元排列、层级套叠、空间层次等方面进行分析，目的是对比分析不同的行为"互助性"水平下的场景特征，为归纳坊宅场景模式奠定基础。

6.2.2　单元排列

　　单元排列是指坊宅场景在增加、扩展过程中构成单元之间的联结途径。这里的构成单元就是坊宅客体空间，包含间室（含棚等）、大空间、院落等不同类型。各坊宅场景的排列方式可以划分为水平并置、垂直套叠以及复合排列三种。

水平并置是指场景中的构成单元以水平横方向（以东西方向居多）展开间室、大空间等单元的排列方式，行为参与人的行为活动路径也沿着相同方向展开。坊宅样本05表达了2名竹农人在坊宅柴棚中从事毛竹初加工行为的场景。垂直套叠排列是指客体空间以垂直纵方向（以南北方向居多）展开构成单元，行为参与人的行为活动路径也沿着相同方向展开。坊宅样本01中的行为链图和生产场景构成图表达了2名竹农人在坊宅中柴房中从事毛竹篾丝等行为的场景。复合排列是指前述两种排列方式的组合运用，相应的行为参与人行为活动路径比较灵活，承载的生产行为内容也多样化，坊宅样本02、06、10均属于这种排列方式。

依据行为"互助性"水平划分，将21处样本生产场景单元排列分类（表6-4）可知：

（1）低"互助性"场景排列方式

各样本均是以间室为构成单元展开排列，结构简单。这里的间室通常是指开间尺寸为3.0～4.0m的居室或棚空间（图中由虚线表示外轮廓的是棚空间）。例如样本05、09为南北朝向的坊宅，其柴棚为水平方向（即东西方向）排列的三开间居室，各开间之间并无划分。样本01、21以垂直套叠方式（即南北方向）展开排列，具体来看，样本01是主房在南、次房在北的布局，其生产场景在主房东侧垂直套叠排列，相对独立，而样本21的生产场景则位于主房东南角且附属于主房，供新农人兼业使用。其余样本02、06、10则是水平并置和垂直套叠这两种方式的组合运用，相对灵活。

（2）中"互助性"场景排列方式

中"互助性"水平场景的构成单元有间室、大空间两种，虽然其排列方式并未有显著变化，但是形成了较为多样化的空间效果，具体来看：

首先，中低"互助性"水平场景中约有半数样本以大空间为构成单元，排列简单。例如在样本07、14中均以一个大空间排列，结合现场的实际情况可知，该户农人在自家院落的上方加建了钢结构屋顶以形成院坊，院坊全部作为生产空间使用。样本15的情况略有不同，它采用一个大空间和一个间室垂直套叠排列，结合田野调查得知，采用这种排列方式是因为这户农家的西侧紧邻国道G235，在大空间的南侧设置了临马路的经营门店便于接洽客户。其他的样本如03、08、12则是维持了以间室为单元的排列方式，08为水平并置排列，12为垂直套叠排列，03为前述两者的组合方式。有趣的是，我们发现这几个样本的互助性水平比前述的07、14、15略高。结合田野调查可知，尽管有些样本中出现了大空间，场景规模有所提高，但是这种临时性大空间由于建设成本较低，空间较为简陋，仅能承载自己家庭或家族人员生产劳作或加工行为，行为参与人的数量并不比一般农户多。

表6-4

21处样本生产场景的单元排列方式

| 分类 | 单元类型 | 场景构成中的单元排列 |

其次，中高"互助性"水平的场景中出现了大空间、间室两种构成单元，排列方式更加丰富，样本04、13、18是由大空间和间室以水平并置或垂直套叠两种方式排列而成，而样本20则是以大空间为构成单元单独形成。

（3）高"互助性"场景排列方式

高"互助性"水平场景中的构成单元含间室、大空间、院落等三种类型，由此产生新的排列方式，导致新的空间效果，具体来看：样本16是由间室、院落、大空间沿着南北方向垂直套叠形成场景，样本17则是由大空间、院落沿着东西方向水平并置形成新的样式，样本19则是由两个大空间复合组合排列。结合田野调查可知，这三处样本的生产空间均是建设在农户宅基地房前屋后的空地上，换句话讲，其占地规模已然超出其他普通坊宅很多，因此在生产场景的排列方式出现了新的变化，其行为"互助性"水平也最高。这正说明了坊宅生产场景中单元排列方式与行为"互助性"水平的正向关系。

综上，不同的行为"互助性"水平的生产场景中，构成单元组成不同，表现为间室、间室+大空间、大空间+院落等不同单元形式。从排列方式演进分析，生产场景均是以水平并置、垂直套叠和复合排列三种排列方式组成，并没有显著变化；但是如果从空间效果分析，为什么构成单元不同会导致在不同行为"互助性"水平场景中出现新空间样式，其背后的原因我们将在下一节中讨论。

6.2.3 单元嵌套

要解释前一节中出现的现象（虽然采用常规的三种排列方式，但是在高"互助性"水平场景中有较为丰富的空间样式），需要引入单元嵌套这一概念。

单元嵌套是指不同空间尺度的构成单元在排列时出现的小一级的单元被大一级的单元包含，形成了大单元内部包含小单元的组合样式。例如，我们可以看到每一处坊宅院落之中嵌套若干间室，这就是一种单元嵌套。当然，这种简单嵌套并不被我们关注是因为只存在一种单元嵌套关系的情况下，我们依然可以聚焦在以间室为构成单元的排列方式上，但实际情况是很多坊宅存在不止一种单元嵌套关系。例如，有些坊宅的生产空间如临时加建的院坊、工场等嵌套了若干间室。当然，还有些更复杂的是院落之中嵌套了工场、工场之中嵌套了间室的层层嵌套。在此，本书采用空间尺度来描述这种多种嵌套的关系：场景的构成单元按照空间尺度可以划分为间室（棚等）、大空间、院落等类型。虽然本书定义的场景构成图不包含具体尺寸，仅传达场景各构成单元间的联系与关系，但是各构成单元的规模差异超过一定程度，就会出现质的差别。值得一提的是，这里我们没有把一席地（间室局部）纳入比较分析，是因为其他构成单元的差别更为显著，而作为室内局部的一席地是归属于间室还是归属于大空间，有的时候确实难以区分清楚，因此，为了减少比较分析的变量，暂不将其列入分析。

从表6-5分析可知，不同"互助性"水平的场景拥有不同的单元嵌套关系，具体分析如下。

（1）两层单元嵌套

低"互助性"水平的生产场景均属于简单的单元嵌套关系，即由院落嵌套内部的间室。这种简单的层级关系也是乡村地域人居环境最基本的构成样式。从嵌套关系分析，间室的外部就是院落的内部，行为参与人的生产行为活动多在间室及其外部空间中展开，这说明场景的构成中既要包含单元排列形成的实体空间，又要包含单元被嵌套后形成的虚体空间，如此场景的地域性、人文性才能够完全表达。

（2）两层或三层单元嵌套

中"互助性"水平中的生产场景被划分为两种情况，分述如下。

第一，中低水平场景中约有一半样本维持了简单的两层单元嵌套关系，如样本07、11、15之中存在大空间（院坊）嵌套间室，在这里，院落和大空间（院坊）有时会重叠，形成院落/大空间—间室的两层单元嵌套。从空间使用目的分析，大空间—间室的嵌套关系更容易满足当地竹农人和竹匠人的生产行为需求，即在较大尺度、较为通透的大空间中开展竹制品生产加工活动。结合田野调查可知，由于这种简易、低成本的大空间（院坊）的使用效率较高，所以受到不少竹匠人的青睐。

第二，相比中低水平，中高水平的场景中构成单元间的嵌套关系更加多样化，样本14、18、20中均出现了院落—大空间—间室的三层嵌套关系，而样本13则是院落—院落、院落—间室的双层嵌套关系。

（3）多层单元嵌套

多层单元嵌套出现在高"互助性"水平场景中，如样本16、17、19无疑是嵌套关系最为复杂的代表，它们形成院落之外—院落—大空间—间室[①]的四层嵌套关系，正如前文论述，这类样本的宅院占地范围比其他样本大，即常规宅基地院落之外还存在一个"院落"的范

---

① 具体解释见6.3.2。

表6-5

21处样本生产场景单元嵌套分析

分类	套叠关系							场景构成图	
低"互助性"水平		05	01		09	06	10	02	
中低	院落—间室	14	15	21					
中"互助性"水平	大空间—间室			07	11	08	12	03	
中高	院落—大空间—间室	20	13	04	18				
高"互助性"水平	院落—院落—大空间—间室		16		17		19		

围，我们称为"坊宅基地"，是指那些农户利用自家房前屋后空地建设的大空间（工场等）。从生产场景单元嵌套关系来看，确实增加了嵌套层级且创造出了新的空间效果，一种普通坊宅中罕见的新空间样式。

6.2.4　构成图谱

本节的主要内容是以生产场景为核心整合前文分析的构成单元排列方式和单元嵌套关系，归纳出21处坊宅样本的场景构成图谱，为进一步建构场景等级奠定基础。

本书以生产场景中的构成单元规模为横轴，以单元层次为纵轴，绘制21处坊宅场景的构成图谱。构成单元的规模是指单元的尺度及数量，而单元层次是指单元嵌套层级和嵌套数量。为了更细致地排列各样本，我们对构成单元的规模和层级测算作以下规定：横轴指标是构成单元尺度及数量，先比较各样本中拥有大尺度构成单元的数量，如果数量相同那么再比较拥有构成单元总数量；而纵轴指标是单元层次，先比较各样本中嵌套层级数量，如果属于同一层级那么再比较嵌套关系的总数量。如此操作后我们可以看到图6-3所呈现的结果。

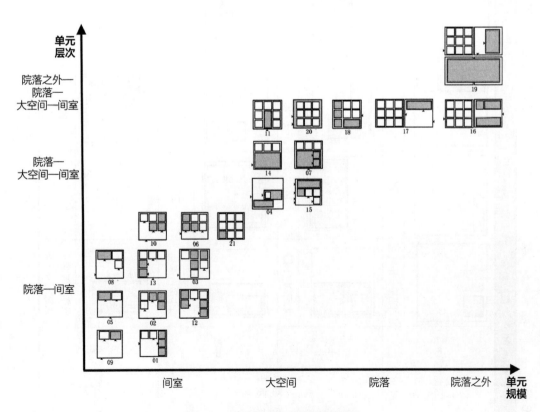

图6-3　21处坊宅样本的场景构成图谱

（1）总体特征

首先，和生产场景散点标识分布图不一样，21处坊宅场景构成图谱呈现出团块分布的特征，由于每一处坊宅的场景构成图均不一样，因此可以清晰地看到各样本与其他样本的位置关系。其次，从场景构成图的分布密度来看，21处坊宅沿坐标系左下至右上方向的样本数由多变少，说明拥有大空间尺度构成单元和多层单元嵌套关系的坊宅数量少。这一点与6.1.2中分析行为交互复杂程度的分布密度大同小异。再次，沿着坐标系的左下角至右上角方向，坊宅场景的复杂程度逐步增加。这里的复杂度包含了构成单元的规模和层次叠合后的综合效果。

（2）极值分布

样本19位于场景构成图谱的右上角，其构成单元的尺度最大，单元嵌套层数最多，说明其生产和生活空间的规模均最大。而样本09位于坐标系的左下角，是构成单元规模及层次最小的坊宅代表，结合田野调查可知，它的生产行为也是最简单的模式，生产和生活空间也最小。

（3）团块特征

场景构成图谱呈现出团块分布的特点，具体如下：首先，第一个团块位于图谱的左下方，由包括01、02、03、05、06、09、10、11、12、13、21在内的11个坊宅样本组成，它们是构成单元均为间室且单元嵌套关系均为院落—间室的代表，进一步分析可知，前述11个坊宅样本的间室数量并不相同，因此他们拥有不同的场景规模。其次，第二个团块位于图谱的中段，由包括04、07、11、14、15、20在内的6个样本组成，构成单元包含了间室和大空间，构成单元嵌套关系均为院落—大空间—间室，进一步分析可知，其中样本07、11、14为院坊形成的大空间，其他样本均为工场形成的大空间，因此它们拥有不同的场景单元数量。

6.3 场景等级

6.3.1 "互助性"为核心基础

本书已在6.2中系统化排列了碧门村21处坊宅生产场景并采用"互助性"水平将坊宅划分为5种类别，不同水平的"互助性"对应了不同行为参与人和参与人互动关系数量。这种划分方式体现了本书从日常行为视角衡量乡村坊宅空间的观点，增强了在地性和实践性。

行为"互助性"水平是区分不同坊宅场景的关键要素,无论是针对坊宅中的生产场景还是针对生活场景(表6-6)。可以设想,如果缺少了一定的空间划分与隔离,在同一坊宅空间中混合布置具有不同"互助性"水平的日常行为,可能会产生干扰,致使场景的品质改变甚至降低。换句话讲,将具有同等"互助性"水平的日常行为安置入特定的客体空间中,或将具有"互助性"差异的日常行为区分安置,是一种高效且合理的做法。因此本书认为,在场景设计中能够使得各日常行为之间的"互助性"冲突最小化是首要原则,这也是建构坊宅场景等级所体现出来的重要意义(表6-6)。

表6-6   基于"互助性"的坊宅场景

"互助性"水平		行为特征	场景模式实例	
编号	级别		生产场景	生活场景
D	低"互助性"水平	单人行为	1名竹农人在院落中进行毛竹篾丝	1个人在居室中休息
M	中"互助性"水平	中低 2~4人的 1~2个层级行为	3名竹匠人在廊下编制竹筐	1位妈妈在照料1个孩子吃饭
		中高 5~9人 2~3个层级行为	1名竹商人、2名竹匠人和5名竹农人在工场中展销竹制品	一家4口人在招待5名亲戚在堂屋吃晚饭
H	高"互助性"水平	10~15人 多层级行为	1名竹商人、1名竹创客、3名竹匠人和8名竹白领在工场中展销文创竹制品	一家3口、5位亲戚和8位朋友在堂屋中聚会聊天

"互助性"可以被当作建构场景等级的核心基础。在场景设计中,可以考虑将具有相同"互助性"水平的行为纳入同一处空间或安置于邻近空间,将具有明显"互助性"水平差异的行为进行空间分隔或分离处置。实际上这种原则与坊宅的实践做法不谋而合:大多数坊宅中具有中等及以上"互助性"水平的行为多在邻近空间中展开。例如新农人群在堂屋中的聚会、聊天、餐食及娱乐等行为活动均可以就近展开,甚至还会在同一空间中展开毛竹初加工等行为活动,体现出了较强的兼容性。与此同时,坊宅中承载新农人睡觉、休憩及学习等低等"互助性"水平行为的空间则与其他中等"互助性"水平行为的空间相距较远,互不干扰。

6.3.2　空间尺度为载体

通过本书第3章中论述的新农人生活模式可知,坊宅内外发生了各种各样的行为,为了便于论述将其划分为21种日常行为,而在真实的坊宅中会有数以千计的生产、生活行为发生。在众多场景中,有的场景只承载了1种行为因而具有较强的专用性,例如厕间;而在大多数情况下,坊宅中不同居室及场地承载了多种行为,这些行为或同时展开,或遵循时序分别展开,因此,出现多种行为活动在不同坊宅空间中交错的现象。

由于行为"互助性"水平的差异，我们在进行场景设计时需要将不同日常行为合理安置和管理，即根据需要将多种日常行为安置进1个或多个坊宅空间中。因此，从空间视角分析场景设计就包含了两层含义：第一，在特定的空间中安置特定的日常行为形成场景，当然这里需要组织好1种或多种日常行为间的关系；第二，在承载日常行为的空间之间建立恰当的联系。当然，坊宅设计实践中可能有介于这两层含义之间的情况出现，但为了便于描述，本书以这两层含义讨论场景的等级问题。

在进行坊宅场景设计过程中要避免"互助性"水平差异较大的行为共处一室，即考虑各种行为的相容性问题，需要确保各行为之间不会相互干扰。如果多种行为不能够共处一室，我们需要将各行为纳入不同的客体空间。那么，到底哪些客体空间能够容纳哪些种类或数量的日常行为，并且做到较好的均衡性（这种均衡性是指空间兼容性和专用性的平衡）呢？需要采用空间尺度作为衡量依据。

结合6.2中论述的场景构成单元嵌套关系，本书将坊宅空间按照尺度划分为院落之外—院落—大空间—间室四种层级。间室是指坊宅中的单个居室，一般以1个开间为1个间室；大空间是指有些间室之间的隔墙打通之后出现的大尺度房间，还包含开间、进深和层高的尺寸数倍于普通间室的空间，一般用于生产性用房；院落是指坊宅外部的宅基地范围，一般会大于前述各种客体空间；院落之外多指坊宅房前屋后的空地范围，比一般的院落还要再大一些，需要结合实际情况分析。

不同尺度空间对应着不同层级的场景，换言之，低等级的场景嵌套在高等级的场景之中，高等级的场景可以包含若干个低等级的场景。例如，承载了竹凉席编织行为的院落所形成场景层级高于承载了竹制品加工行为的大空间所形成的场景，同时，前者可以容纳1个或多个后者。另外，针对同一尺度的客体空间则对应着等级相同的场景，各个场景之间为并列关系，遵循空间方位在水平方向扩展。

6.3.3 建构等级

不同的日常行为拥有空间载体选择的灵活性（表6-7）。具体来说，"互助性"水平较低的日常行为既可以选择在小尺度空间中展开，也可以选择在中、大尺度空间中展开，而"互助性"水平高的日常行为通常选择在尺度较大的空间中完成。举例说明，1名竹农人的劳作行为可以选择在一席地或院落中操作；而由1名竹商人、2名竹匠人和5名竹农人组成的8人多层级行为则多数情况下会在宽阔的院落或室外空间中操作。如此从空间角度分析，我们可以得出这样的规律，即尺度较大的空间能够容纳更多类型的日常行为，其场所的等级越高，而尺度较小的客体空间则相反，其等级越低。

表6-7　　　　　　　　　　　　　　以空间为载体的日常行为

编号	空间类别（按尺度排列）	日常行为类别					
		单人行为	2~3人单层级行为	4~6人2层级行为	7~9人多层级行为	10~15人多层级行为	15人以上的行为
1	院落之外	★	★	★	★	★	★
2	院落	★	★	★	★		
3	大空间	★	★	★			
4	间室	★	★				

注：单人行为包含1个人睡觉、学习、劳作等行为。
　　2人合作行为包含2个人对话、进餐、劳作等行为。
　　3人单层级行为包含同一类新农人生产、聚餐、炊事等行为。
　　4~7人2个层级互动行为包含2类新农人生产、聚会及休闲等行为。
　　8~15人多个层级和15人以上的互动行为包含3类及以上新农人生产、聚会等行为。

综上，场景的不同等级反映了空间承载不同"互助性"水平日常行为能力的高低。"等级"越高的坊宅拥有更大的空间尺度，同时拥有更加灵活的日常行为兼容性，即可以同时容纳更多种类的行为内容，此类坊宅数量较少；"等级"越低的场景，占据的空间尺度有限，内部承载相对特定的日常行为，行为的兼容性较低，此类坊宅数量较多（图6-4）。

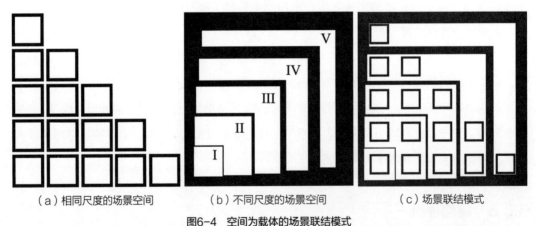

（a）相同尺度的场景空间　　　　（b）不同尺度的场景空间　　　　（c）场景联结模式

图6-4　空间为载体的场景联结模式

6.4　场景模式图表

6.4.1　场景集合

伴随浙北地区乡村非农产业融合发展，不同职业的新农人在坊宅中互动协作，形成多样化的生产和生活场景，本书所调研的安吉碧门村就是典范之一。以坊宅生产场景为例，从单个竹农人在户外砍伐毛竹到2名竹匠人在院坊中编制竹席，再到多个多职业新农人在工场中展销创意竹制品等，形成了多样化的生产场景模式。另外，坊宅中还包含了个体新农人在居室内睡觉、休憩等基本行为，夫妻2人在餐室内进行备餐、清洁等家务行为，一家三、四口人在堂屋中打牌、聊天等休闲行为，多家多名亲友在户外聚会等系列生活场景模式。

借鉴实践中自发形成的坊宅场景营建经验，我们能够制定出更为恰当准确的坊宅设计规则。正如前文所述，在如此丰富多样的坊宅生产、生活场景表象的背后，反映的是新农人的差异化需求。因此对坊宅场景模式类型进行划分就会带有"多重的性格特征"，即不同的设计目的会导致不同的划分方式。例如，从空间组成的视角来看，坊宅场景的类型可以通过外观形式（建筑面积或体积）、实际用途（使用功能等）等因素进行分类，也可以通过建筑材料（土坯、砖、混凝土等）、使用频率及管理方式等因素进行分类。而本书基于日常行为对坊宅进行等级划分。

坊宅场景类别的划分源于不同的设计目标，换句话讲，为了满足新农人的不同需求，我们需要管理不同场景之间的关系，需要建构出一个划分系统以清晰准确地识别出哪些场景适合在同一处坊宅中共存，以及哪些场景不适合共存但是存在着某种时序上的联系，如此能够实现坊宅设计营建的合理性和高效利用。为了进一步解释本书坊宅设计目标，我们还是回到坊宅的本质特征进行研究，即生产和生活的共同特征。

6.4.2　模式导向

从时间维度来看，坊宅的演进即生产和生活两类场景模式组合的变迁史。首先，地域农人的生计方式变化致使生产场景模式变动，进而引发生活场景模式剧变，因此，生产场景在坊宅演进中扮演着"发动机"的角色。这也是本书采用行为"互助性"水平作为场景层级划分依据的原因。在田野调查中，我们可以看到从古代至当代的坊宅中的生产场景：竹农人上山种植毛竹、在院落中编织竹筐、在柴棚中修理农具，竹创客们在办公室研发新产品、竹白领们在工场中展销文创竹制品等。当然，我们必须认识到，坊宅中不同类型的生产场景在本质上并无高低之分，并不是说竹白领们利用了电商平台展开生产行为这一类场景模式就很先进，值得大家都去学习和推广，或者说竹农人们在柴棚徒手编织竹筐从事劳作行为因其客体空间简陋紧张，就没有值得我们借鉴的地方。本书认为，坊宅中不同生产场景均源于新农人自身的生计方式，是他们的理性选择，即为了使得农户家庭获取最佳经济收益而作出的判断。因此，我们可以说，设计和管理这些生产场景的目标是获得性价比最高的"生产活力"。这种活力体现在场景的规模、互动丰富度以及领域感中。

相对于生产场景的"发动机"角色，生活场景在坊宅演进中起着支撑配合作用，主要目的是使得农户家庭获取最好的"生产活力"。从碧门村不同时代的坊宅样本中我们可以看到：不少坊宅为了获取更多的生产空间，将开敞院落临时加建成为带钢屋面的院坊，这种做法会对坊宅周边的坊宅建筑产生不利影响；近期新建的坊宅中多将建筑底层或半地下层空间用于承载生产行为，形成生产场景，而通过楼梯将生活场景转移至二三层，如此做法既满足了生产场景的相对独立性，也改善了农人家庭生活的质量。因此，生活场景模式的导向是为了获取更好的"生活舒适"。

因此，我们认为，坊宅的设计目标就是要在获取"生产活力"和"生活舒适"两者之间取得平衡。达到这种平衡首先需要营建具有最优"生产活力"的生产场景，进而营建具有"生活舒适"的生活场景。

6.4.3 模式图表

延续前文论述的以行为"互助性"为核心基础，以空间为载体的研究思路，可以建构一个图表来描述不同的场景模式。我们将不同类型的坊宅场景集合在一起，并采用一个三角图示来概括，其中：单人在户外行为的场景作为一个顶点，多人在大空间中行为的场景作为另一个顶点，单人在单间室内行为的场景作为第三个顶点，如此建构了坊宅场景的模式图表，从中可以显示出任何一种场景与其他场景之间的区位关系（图6-5）。

虽然我们采用了三角形的图示表达方式，但实际上这个图表主要包含了两条独立的轴线关系：

第一，沿着三角形图示的左侧边线，我们可以看到基于不同构成单元的场景模式，即包含了单个新农人在户外、院落、大空间、间室等场景构成单元中的行为活动。换句话讲，归纳了单个行为参与人在不同尺度客体空间中展开行为活动的场景模式集合。此外还可以看出，这是一个场景的空间边界逐步转化的过程，显示了单个竹农人的生产行为从户外向间室内的变化。

第二，沿着三角形图示的右侧边线，我们可以看到基于不同的行为"互助性"的场景模式，包含了构成单元中的单人独作、双人合作、多人协作的行为活动。这些模式显示了从单人独作行为至多类多人协作行为的转变。

因此，这两条单独的轴线传达了坊宅客体空间和日常行为两个维度的变化过程，它们也是场景构成中的关键要素。尽管我们可以采用一个三角图示来表述坊宅中各场景之间的区位关系，但是为了突出坊宅中生产和生活场景不同的设计导向，本书选择将这两类场景分开描述，如此做的好处有二：一方面通过归纳生产、生活场景集合，我们可以识别出生产场景的等级和生活场景的角色；另一方面通过分别排序，我们能够为更具针对性地提出场景设计规则奠定基础。

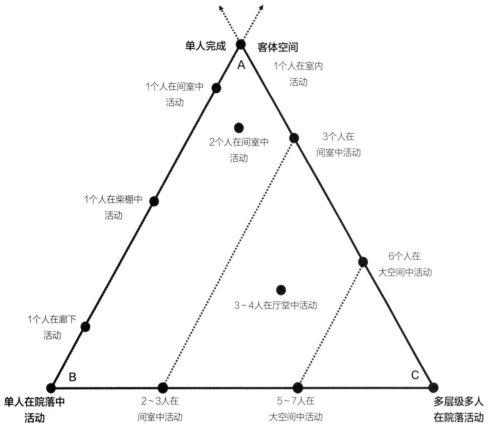

图6-5 场景模式图表

　　如图6-6、图6-7中所示的碧门村典型坊宅生产场景中的各种模式图集。沿三角图的左侧边线我们可以看到单个新农人在竹山上、柴棚、工坊、工场、直播间等不同生产空间中的行为活动。沿三角图的右侧边线我们可以看到五种新农人群中的单人、双人、多人等不同行为"互助性"的场景模式。

　　如图6-8、图6-9中所示的碧门村典型坊宅生活场景中的各种模式图集。沿三角图的左侧边线我们可以看到单个新农人在家门口、廊下、餐厅等不同生活空间中的行为活动。沿三角图的右侧边线我们可以看到个人、家庭成员、亲朋友人等不同行为"互助性"的场景模式。

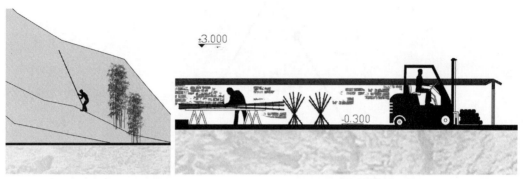

（a）1名竹农人在竹山上砍伐毛竹　　　　　　　（b）2名竹农人在院落修剪毛竹材

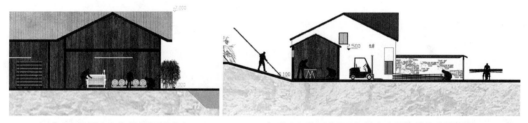

（c）3名竹匠人在作坊编织竹凉席　　　　　（d）3名竹匠人和2名竹农人在院落生产竹扫帚

（e）12人（含竹商人、竹匠人和竹农人）在加工、展销竹制品

图6-6　生产场景图示

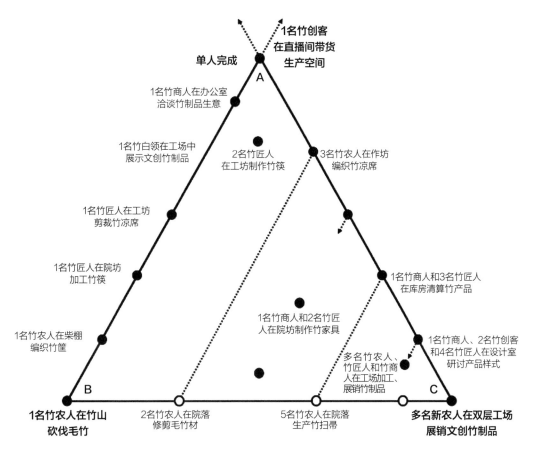

**1名竹创客
在直播间带货**
生产空间

单人完成

A

1名竹商人在办公室
洽谈竹制品生意

1名竹白领在工场中
展示文创竹制品

2名竹匠人
在工坊制作竹筷

3名竹农人在作坊
编织竹凉席

1名竹匠人在工坊
剪裁竹凉席

1名竹匠人在院坊
加工竹筷

1名竹商人和3名竹匠人
在库房清算竹产品

1名竹农人在柴棚
编织竹筐

1名竹商人和2名竹匠
人在院坊制作竹家具

1名竹商人、2名竹创客
和4名竹匠人在设计室
研讨产品样式

多名竹农人、
竹匠人和竹商
人在工场加工、
展销竹制品

B

C

**1名竹农人在竹山
砍伐毛竹**

2名竹农人在院落
修剪毛竹材

5名竹农人在院落
生产竹扫帚

**多名新农人在双层工场
展销文创竹制品**

图6-7 碧门村坊宅生产场景模式图表

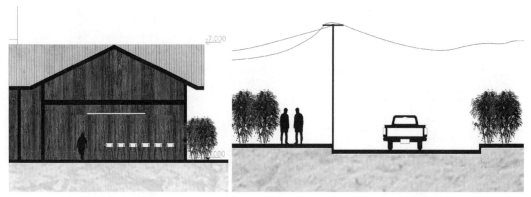

（a）1个人在收拾家务　　　　　　　　　　（b）2个人在户外聊天

（c）2个人在露台谈心　　　　　　　　　　（d）5个人在家中休闲

（e）7个人在家中聚会

图6-8　生活场景图示

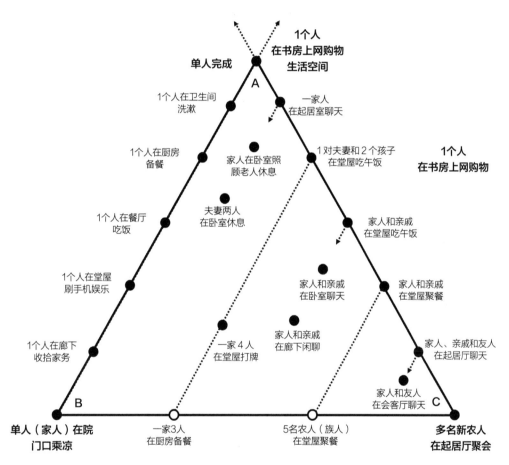

图6-9　生活场景模式图表

7

结论与讨论

如果说本书的研究具有个性或者说具有一定创新价值的话，那皆是因为研究回归到坊宅在地性的基本原则——日常行为和客体空间的匹配性。结合田野调查我们已然发现，存在一些与当前乡村农宅设计规则相冲突的坊宅，其空间与行为之间的作用机理也有一定的启发和指引。

触发本书研究的现状问题是当前乡村实践中存在着农宅建筑样式雷同、组团结构单一等现象，究其原因是多数设计师在设计过程中采用了空间组成主导的设计方式。这种设计方式直接挪用城市住宅产品至乡村地域并"粗暴复制"，其结果必然无法满足多样化的新农人需求，更无法创作出具有地域性的坊宅样式。基于此，本书选取浙北地区碧门村典型坊宅为研究对象，记录和描述了新农人日常行为和坊宅建筑近40年的演进，并解读前述两者之间的作用机理。

本书论述的核心问题是日常行为与客体空间的适配性问题，主要观点是以场景为核心制定坊宅的设计规则。我们应该认识到，坊宅不仅仅是若干房间和场地组合而成的物质空间，同时还承载着新农人多样化的日常行为事件。正如此，区别于空间组成主导的设计方式，本书倡导场景构成主导的设计方式，围绕这一科学问题，本研究从行为链图入手，进而明确场景构成，再归纳场景模式，最后提出坊宅的设计流程和规则。

7.1 坊宅设计规则

7.1.1 设计方式

1. 坊宅的生成

时空行为学、环境行为学的理论和相关方法论为本书的研究提供了主要支撑。遵从"行为—空间"作用机理，本书认为当前乡村农宅规划设计师面临的挑战在于如何基于新农人日常行为设计坊宅，而不是继续基于整齐划一的物质空间框架，"填充"各种具象的空间构件（房间和场地等）。

正如本书在第3章描述的情景：碧门村的坊宅演进并没有完全遵循一般意义上浙北地区农宅的传统营建做法，坊宅中原有的生产空间并没有完全延续传统形制，而是伴随新农人生产行为变迁发生了"转变"：由单一的柴棚/柴房扩展出了作坊、院坊及工场等多样式的生产空间。这种"转变"就是行为对空间影响的结果，也是日常行为和客体空间叠合而成的生产场景模式。因此，区别于空间组成主导的设计方式，本书提出一种以场景构成主导的设计方式并基于此提出坊宅设计规则。我们制定这种设计导则源于两类素材：一类素材是诸如浙北地区安吉碧门村中的坊宅现象，它们是自下而上的日常行为和坊宅空间相互作用的实践经验，值得我们学习和模仿；另一类素材是需要我们有意识地创造一些"由日常行为触发"的设计导则，而这些恰恰是我们设计师很少去关注的。

基于此，我们需要弄清楚场景构成主导的设计方式是如何在坊宅演进中发挥作用的。回顾本书中介绍的碧门村四十余年变迁中的Ⅰ、Ⅱ、Ⅲ代坊宅可知（按照建造年代的先后顺序进行划分的类别），绝大多数的情况是：首先，地域农人非农就业且生计方式的改变致使他们的需求分异；其次，新农人出现并形成不同的生产、生活行为模式，不同的行为模式在日常生活中逐步对实体空间产生干预；再次，众多干预在长时间相互作用过程中渐渐形成了坊宅的设计规则。这种源于实践的相互干预既包含了新农人对坊宅居室及场地的方位、体量、室内外空气环境质量等空间层面的一致性认知，也包含了对行为内容、行为参与人数量、参与人互动关系等日常行为层面的共识，这两类要素叠合产生场景及其设计规则。场景构成主导的设计方式中蕴含的设计规则均来源于新农人的生计和生活方式，充满生命力。在这种设计方式的驱动下，一种潜在的营建程序促使坊宅在一个循序渐进的过程中逐步形成附带不同角色和等级的稳态系统。

2. 回顾现存问题

区别于场景构成主导的设计方式，当前乡村规划设计领域中存在着一种空间组成主导的设计方式。正如本书在开篇时提出的"似城化"农宅设计的现状问题，是指那些仅简单搬用城市住宅特定的方案范式至乡村地域，通过"粗暴复制"推进营建的设计方式。遵循这种方式设计出来的宅型脱离新农人的实际需求，以标准化的、具象的空间构件为特征的方案范本被套用至不同地域，导致客体空间与主体日常行为之间失配。这些问题的实质是采用了空间组成主导的设计方式来设计坊宅，而没有将实体空间与地域农人的日常行为结合考虑。

因此，本书提出采用日常行为和坊宅空间的叠合体——场景构成主导的设计方式。空间组成和场景构成这两种设计方式作用效果的差异常常会在最终形成的坊宅单体和群体等地理尺度的形态中表现出来。如果举例说明两种设计方式差异的话（图7-1），我们可以看到不同图片代表了"不受欢迎的"和"受到青睐的"案例："不受欢迎"的案例多采用行列式布局，不考虑个体行为需求差异，从而造成"千村一面"的窘境，而"受到青睐"的案例多是有机组合式布局，是充分考虑个体差异而形成的空间组合。究其原因，就是采用"不受欢迎的"设计方式的设计师没有深入地了解新农人实际需求的差异，仅从空间组成层面考虑简洁快速的组合房间和场地，没有很好地推敲由于使用者行为模式差异带来的建筑空间多样性问题。

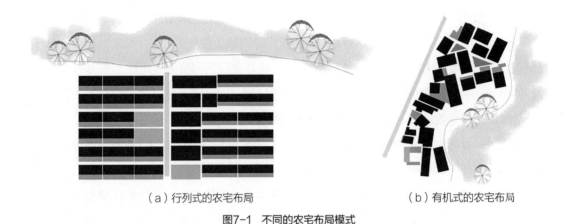

（a）行列式的农宅布局　　　　　　　　（b）有机式的农宅布局

图7-1 不同的农宅布局模式

实际上我们并不反对简洁、高效地制定规划设计方案，同时也不排斥遵从几何美学原则对坊宅进行推陈出新的形式创作，例如结合新的建筑材料和具有地域性的营建做法设计出具有新地域性的样式。但是我们反对"粗暴复制"空间组成式的设计方式，因为这种做法抹杀了新农人个体之间的相互作用。如果真的按照空间组成主导的设计方式完成坊宅规划设计，当新农人群入住之后迫于个体需求而进行新的空间改造，也是设计师们最不愿意看到的场景。

7.1.2 组成和构成

1. 空间组成式坊宅

一个空间组成式的坊宅方案范本（指采用了空间组成主导的设计方式形成的宅型）可以应用于一个特定的宅基地平面，并可以将其略加修改直接转移至新的宅基地，从而催生新的方案（见图7-1）。这里的宅基地泛指乡村农人家庭生产居住的场地范围。由于绝大多数情况下同一个村庄内宅基地的规模相同，因此我们可以轻易地将方案范本扩展开来，这也貌似成为空间组成式的方案范本盛行的理由。本书不会针对乡村宅基地均等性展开进一步的讨论，只是试图告知读者，空间组成式的坊宅方案范本在雷同的乡村宅基地之间转换，确实有操作层面陷入"简单复制"的危险性。

采用空间组成主导的设计方式形成的坊宅方案范本，由于其"简单复制"的特性，很难在实际操作中受到地域农人的一致好评。原因很简单。当前我国经济发达地区乡村非农产业融合发展迅猛，新农人生产和生活方式各不相同，"雷同"的坊宅方案范本难以满足不同职业类型的新农人的空间需求。这就要求乡村规划师要能够透过具象的、空间组成式的方案范本，抽离出空间背后日常行为的规律，并依此展开实践项目（图7-2）。

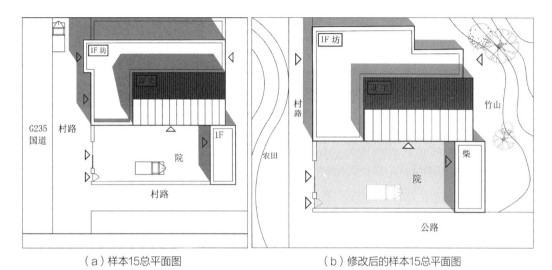

（a）样本15总平面图	（b）修改后的样本15总平面图

图7-2 不同基地中的空间组成式方案范本

2. 场景构成式坊宅

本书认为，采用场景构成式的坊宅方案范本（指采用了场景构成主导的设计方式形成的"新农人+空间"的组合体）能够抽离具象空间背后的行为规律，能够通过解析日常行为与坊宅空间的作用机理并将其作为设计规则的直接描述对象。结合环境行为学的原理分析，一个场景构成式的方案范本比空间组成式的方案范本更灵活，更易于应用在实际设计中。聚焦坊宅单体建筑设计可知，一个包含新农人和空间典型特征的方案之所以对特定宅基地而言具有一定的灵活适应性，是因为抽象之后的场景形状、尺寸等属性均可以进行相当程度的扭转和变换以适应不同宅基地的轮廓，同时还能够调节与周边建筑物之间的对位关系。

换句话讲，如果我们将一个空间组成式的方案范本直接纳入一块宅基地并保持朝向、体量、开间和进深比例等指标不变，势必需要将其完整地"搬进"场地，这就会导致其难以和场地及其周边自然环境、建筑物等要素的"对话"。因此，我们知道，空间组成式的方案范本能够像"照相机"一样再现方案具备的全部品质，但是不具有灵活性；而场景构成式的方案范本则可以适当变形，其品质在与周边环境"对话"之后会有一定的改变，但是这种"改变"并不会对场景的核心属性产生影响。

空间组成式的设计方式，也可被称为"强秩序、短流程"的设计方式，具体而言："强秩序"让生成的坊宅建筑群体样式具有相同的单体建筑内部空间，同时外部空间会有较大的差异；"短流程"使雷同的建筑方案进行"简单复制"会限制创新性坊宅样式的产生。从组团尺度分析，这种雷同的建筑方案形成的坊宅群体对于有不同需求的新农人群体来讲缺乏必要的适应性，当然对不同村落的环境也缺乏在地性的考虑。

3. 行为链图

如果我们在进行坊宅设计之初便采用行为链图明确使用者的日常行为模式（此部分内容在本书第4章中有所论述），那么能够使得最终的设计成果形成更丰富的样式。这是因为一个既定的行为链图能够产生一个较为抽象的场景构成式方案，而每个场景构成式方案又能够转化为空间组成式方案。这里存在着一个"行为链图—场景构成—空间组成"的衍生过程。而当前多数乡村坊宅的设计中这一衍生过程被舍弃或被忽视了。这是很多实际的限制因素导致的：首先，这其中有"坊"与"宅"布局方面的限制，例如有些设计师对于以"生产场景为主、生活场景为辅"的产居布局模式有偏见，认为生产场景规模过大会影响居住品质；其次，这里也有习惯做法的限制，例如设计师在坊宅设计时很少会设置二、三处厨房和餐厅，因为他们通常会认为，1处坊宅之中设计1处厨房及餐厅的做法既经济又合理。场景构成主导的设计方式受到诸多限制后形成"弱秩序、长流程"式的设计方式，它比空间组成式的方案范本更加富有弹性和灵活性。

4. 衍生流程

从创造性的视角分析，我们倡导采用前述的衍生流程进行坊宅设计，原因有二：首先，这种设计流程能够将地域新农人的职业、数量和互动关系等行为要素纳入构思框架，以满足特定农人的需求，能够形成匹配的空间样式；其次，从行为链图方案范本出发（本书中第4章中有论述）提出场景构成式的方案，进而生成空间组成式的方案范本，这一设计过程既包含了多数设计师常规使用的几何美学规则，也包含了时空行为学和环境行为学中受设计师所青睐的"行为—空间"机理导向的设计规则，还包含了两者互动后产生新样式的可能性。如此，以空间组成主导的设计方式的选择空间将会被大大拓展，更为人性化、自由化的"行为链图—场景构成—空间组成"衍生的设计流程将更具生命力（表7-1）。

表7-1　"行为链图—场景构成—空间组成"衍生过程

续表

	行为链图（生产）	场景构成		空间组成图
		生产场景构成	坊宅场景构成	
样本 10				
样本 20				
样本 17				

7.1.3　以场景为核心的设计规则

采用"行为链图—场景构成—空间组成"的设计流程进行坊宅设计，能够逐步确定坊宅使用者、使用者行为模式、空间基本类型、空间细节配置等多个环节，而不是一次性指定某种特定空间组成式的方案范本。基于这一设计流程，本书提出建构以场景为核心的坊宅设计规则，这也是一系列应用于坊宅的"行为—空间"设计规则。从操作层面描述，这些设计规则包含日常行为模式、场景基本类型以及不同场景之间的组合方式，还包含各种节点类型（例如出入口、交通路径等的设计）。通过对坊宅场景系统中各要素之间的联结进行详细设定，能够调控空间组成的样式细节。

以场景为核心的坊宅设计规则的特征是建构一个"程序"，遵循程序就可以生成适应不同新农人群的多样化坊宅方案。坊宅方案范本的生成过程被划分为：绘制行为链图、建构场景构成和细化空间组成三个阶段。

1. 绘制行为链图

（1）确定新农人职业

设计师进行坊宅设计的时候要明确使用者的职业类型，是传统农人、乡村匠人，还是乡村商人、乡村创客、乡村小知识分子等新农人群，如此才能够有的放矢。

（2）捕捉行为模式

首先，设计师需要确定日常行为参与人的规模及数量，例如判断从事生产行为的人员数量为4人及以下、4~6人、6~9人，还是10~15人等；判断从事生活行为的人员数量为4人及以下、4~6人，还是7~9人等。

其次，再确定参与人互动层级和关系，例如确定从事生产行为的新农人职业类型有几种，各自之间的互动关系有几种类型，如此就能比较准确地把握使用者的行为模式。

（3）绘制日常行为链图

设计师根据前述的职业、行为参与人数量、互动层级及关系数量等要素，运用符号绘制行为链图，勾勒出使用者的生产和生活需求。

2. 建构场景构成

（1）比选生产场景构成方案

根据使用者的生产需求，设计师先选择坊宅中生产场景构成的类型，例如带有前部院落的、带有后院和工具间的、拥有独立作坊的、拥有展示接待空间的、拥有原料储备空间的场景等。

（2）生产和生活场景组合构成

再根据使用者的生活需求，设计师以生产场景构成为主，以生活场景构成为辅，绘制生产和生活场景组合构成图，例如，可设计为生产和生活混合式、分区式、套叠式和分立式等不同布局模式。

3. 细化空间组成

（1）推敲空间方位及规模

首先，根据生产和生活场景组合构成图，设计师要确定坊宅空间的方位，如选择正南正北方向，还是平行于周边道路方向，亦或是沿周边的水、山、沟壑等自然环境的走势等；其次，选择是否带有地下空间；再次，选择坊宅空间高度如单层、2层、3层甚至4层建筑等。

（2）空间层次

空间层次主要是指构成单元内部的空间细化，包含了居室隔墙、生产器具和生活部品的配置。首先，设计师需要根据生产和生活需求设计不同类型的隔墙，例如半隔断、完全隔断、间隔等形式，同时还要注意结合未来行为参与人的数量及互动关系的预期变化，例如考虑到未成年子女、老年人等的生产和生活需求设置隔墙；其次，生产器具的选择根据使用者的生产行为内容来确定；再次，生活部品的选择则根据生活空间划分之后进行细部设计。

（3）出入口部

坊宅空间中的出入口主要包含了对外联系、生产空间和生活空间三类：①对外联系的出入口空间尺度最大，一般考虑方便生产行为的顺利展开，例如原料、成品及设备等的运输需要；②生产空间的出入口需要结合具体的生产行为内容而定，例如展示、接待、储藏、加工、销售等不同功用会配置不同尺度、通透度的出入口；③生活空间的出入口相对简单，需要结合农户家中老年人、儿童等特殊人群的出入需求进行设计。

7.2 对坊宅实践的讨论

7.2.1 坊与宅的布局

经过田野调查，本书描绘了浙北地区新农人群体日常行为和坊宅的演进图景，选用行为参与人和参与人互动关系等因素，绘制了行为链图的同时，结合客体空间形成场景构成图，进而系统化排列21处坊宅样本，最后归纳出坊宅场景的模式图表并提出"行为链图—场景构成—空间组成"衍生的设计流程。研究采用了活动日志调查、行为注记及实地测量等研究方法，用于记录和识别坊、宅、场之间的配置关系，能够更鲜活地描述发生在浙北地区乡村坊宅的产居营建现象，有助于评估现有乡村人居环境的效能，科学合理地制定坊宅设计规则。

通过研究可知，因为不同的坊宅使用者拥有不同的行为链图，所以其"坊"与"宅"的主次关系不同（即产住场景的布局模式分异）：以毛竹种植及劳作行为主导的竹子农人家中的生产空间如柴房、柴棚等的空间规模通常较小且处于边缘位置，形成"辅坊+主宅"的布局模式；以竹制品加工等生产行为主导的竹匠人家中多会拥有较为完整的作坊空间，形成"坊"与"宅"并重的布局模式；以文创类竹制品展示营销行为为导向的竹商人、竹创客及竹白领等人群，其坊宅拥有规模较大的工场空间，形成"主坊+辅宅"的布局模式。"坊"与"宅"不同的配置关系，对于生产活力和生活舒适性的不同要求，可以制定出相应的细节化居室布局方法，并完善坊宅的设计规则。

7.2.2　宅基地

区别于一般意义上的乡村空间视角，本书从日常行为视角出发，采用行为"互助性"水平系统化排列坊宅生产场景，以便识别乡村坊宅的宜业性（即生产行为与生产空间是匹配度）。这种做法也会对现有乡村宅基地均等的划分方式和管理制度产生一定的影响。具体而言，本书针对以下三个问题进行讨论。

（1）"新"的空间形制

本书解读的碧门村中的一些坊宅案例突破了传统宅基地的限制并展现出一些"新"的空间形制：由于生计方式转换带来的新空间需求，有些坊宅利用自家宅基地内的院落加建"院坊"，从而形成了新的空间形制，这种顶部钢结构屋面、四周院墙的空间营建成本极低、空间规模大且利用效率高；另外，有些坊宅利用自家宅基地之外的空地（一般是位于宅基地周边的空余场地）增设了"工场"，专门从事生产，这种通高大空间的规模更大且空间层次也更丰富，有利于开展更加多样化的生产行为。这些新的空间形制突破了传统乡村宅基地分配和管理方法，"坊"与"宅"的布局模式已经超出常规意义的宅基地适用范围，甚至可能会对周边环境产生影响。那么我们应该如何应对这些现状问题呢？

（2）优化调节方法

面对这些在坊宅营建实践中出现的"新"空间形制及布局模式，应该采用创新性的方法来优化解决问题：

首先，结合田野调查可知，既然前述这些营建实践能够被其他有着相同需求的新农人群接纳并模仿，说明它们具有一定的优势。作为受过专业训练的规划师和建筑师，在制定乡村宅基地优化方法的时候，应该吸收借鉴这些优势来展开设计。例如，针对在宅基地周边新建工场的情况，我们应该结合宅基地所处的地形环境，充分利用坊宅房前屋后的闲散空地营建工场并确保建成之后不对周边建筑产生不利影响。如此操作的话，那扩展后设计出的方案范本会有更大的自由空间，可以通过设定临时性、合用的生产用地及用房等方式来创造新的坊宅样式。

其次，针对加建院坊的问题，我们可以结合农人的实际需求，设计半覆盖式的屋顶，甚至采用可移动式技术增强屋顶开闭的灵活性，这种处理既能够使得新建部分与住宅部分保持距离，又能够满足农人的生产需求。

再次，如果在相对密集的坊宅群体进行优化方案设计，我们应该结合坊宅群体分布情况来"挪用"生产场地及用房以达到优化和创新。具体来说，我们可以设定10~15家农户为1个坊宅组团，在充分调查各家农人的生计方式、行为参与人的规模及互动关系等数据之后，可依据需求不同划分组团内部的用地及用房，通过相互调剂、取长补短，将矛盾消解在团体内部，发挥不同农人优势，促成不同非农生计之间的上下游协作，发挥群体优势且有创造性地解决坊宅基地问题。

（3）规范并推广"新"的空间形制

结合工程做法中的必要性限制（例如涉及建筑防火、疏散以及安全方面的强制性条文），我们希望能够进一步规范并推广这些"新"的空间形制，那么未来的乡村宜业农宅将会更加宜居宜业。

本书提出以日常行为出发点并以场景为核心制定坊宅的设计规则。换句话讲，区别于当前乡村宅基地单一的划分规则，我们是否可以适当调节宅基地规则以适应前述的"坊"与"宅"的布局模式。因此，基于现有宅基地政策和管理方法，一种新的、方便新农人群转变生计方式，更高效低成本地开展生产行为的乡村"坊宅基地"设计规则亟待提出，如此才能够适应当前城乡融合的深入推进，才能够有效地调节当下乡村宅基地政策系统中出现的矛盾和问题。

7.2.3　乡村规划

本书聚焦乡村坊宅，主要内容是描述和解读乡村最基本的人居单元，并没有涉及乡村规划的一般性问题，但其观点将对乡村规划领域的一般理念产生冲击。换句话讲，本书提出的基于新农人日常行为的以场景为核心制定坊宅的设计规则，是"以农人为本"营建乡村空间，而不是采用整齐划一的宅型（指采用空间组成式的方案样本套用于不同地域的设计方式）"粗暴复制"乡村。

本书主张遵循新农人的日常行为链图并确定场景构成以识别坊、宅、场之间的配置关系，这种观点是将新农人在坊宅室内外的活动轨迹特征作为坊宅设计的出发点。如果将这种思路向上一级的乡村人居环境拓展的话，便是以坊宅外部的路网作为乡村规划的出发点。从当前众多的研究和实践中可知，将客体空间的组织系统建立在以使用者日常行为路径及道路网络（这里是指使用者的日常高频行为活动轨迹形成的集合）基础之上，这种做法具有较强优势。在这种系统中融合了建筑、构筑物、场地及自然环境等农人行为活动所需的要素。因此，面对乡村规划，首先考虑的应是新农人群总数量、不同新职业的组成及互动关系类型占比、特定人群高频次的活动轨迹分布状况等，而不是直接考虑客体空间的区划等问题。

因此，基于日常行为来展开乡村规划系统工作，类似当前正在被推广实施的城市住区的生活圈规划。两者的共同之处在于都是从使用者的需求出发，从使用者日常行为的客观规律出发，是根植于鲜活日常生活的设计方法论，因此具备长久的持续性。这种自下而上的规划设计方法，不是提前设定好的整个乡村的规划理念。

7.3 进一步的研究

在乡村设计领域的早期研究中，我们多习惯于关注农宅建筑的结构、质量等"硬技术"指标的比对和分析，忽略了对户型和空间的研判。伴随城镇化深入和乡村振兴的全面推进，学界对乡村农宅布局及宅型的研究越来越多。由于农宅演进和新农人的生计方式和行为模式密切相关，因此也成为农宅设计的重要驱动力之一。本书展示了一些自下而上的乡村坊宅的营建实践，这些实践区别于传统农宅，但是可以设想它们便是未来乡村，起码可以为我国广阔乡村的地域发展提供可行性的参考。这些实践的特殊之处在于：一方面是作为普通农人家庭的生计、栖身之场景，另一方面是作为地域乡村的"网红电商"、乡村"竹文化传播中心"等具有较高等级的非农产业场所。当下这些充满生产活力且不失生活舒适的坊宅建筑已经是碧门村的特色。我国正处于乡村振兴、实现共同富裕的时代背景，我们将沿着以下两个方面展开进一步的研究。

7.3.1 乡村振兴与坊宅

现有乡村规划和农宅设计原则确实给提出一些坊宅的"新样式"带来一定困难。然而我们制定这些规则的目的并不是固化空间形式，而是提供充分的发展空间以鼓励更利于乡村可持续发展的空间模式，其中就包括鼓励在地域坊宅中开展兼业活动，合理利用闲置坊宅及用地开展非农生产等方式，这些就属于"新形制"。当下我们正大力推进乡村振兴建设，尤其是在我国经济发达地区，当地政府对于乡村人居环境中的宜业适居农宅建设的投入越来越大。如何通过设计提升农户家庭生产效率与创新坊宅的"新样式"紧密关联。以书中论述的碧门村坊宅为例，我们基于日常行为图谱系统化排列了典型坊宅生产场景，其中将坊宅简单划分为：

（1）低"互助性"水平场景

由1~3名竹农人或兼业竹匠人以对等关系参与或从事毛竹种植及初加工劳作行为，形成了"小坊+平宅"的布局模式。

（2）中"互助性"水平场景

这里分为中低和中高水平两小类：第一，由4~6名兼业竹农人和竹匠人以对等、主从关系参与或从事竹制品加工行为，形成了"坊宅并置"的布局模式；第二，由7~9名竹商人、竹匠人及竹农人等人群以支配、对等、主从等关系参与或从事竹制品销售行为，形成了"大坊+小宅"的布局模式。

（3）高"互助性"水平场景

由10~15名含竹商人、竹创客、竹匠人及竹白领等新农人群，以统筹、支配、主从及对等关系参与或从事承载着更多类型竹农人跨地域协作的，涵盖更多人员、更多层级互动的品牌创新行为（这里的是指包含了劳作、加工及营销在内的产业链行为集合），形成了"群坊+点宅"的布局模式。

通过这些精细划分的、涵盖了以不同新农人群独作、合作、协作等形式的联合体，表征了基于日常行为新谱系的连续分级的坊宅场景模式集合。

7.3.2　坊宅与乡村未来

本书通过描述浙北地区乡村坊宅实践中的各种现象，厘清了基于新农人日常行为的坊宅空间演进规律。面对现存矛盾和问题，我们需要基于现有的实践经验提出优化设计方法。换句话讲，许多性价比高的解决策略已然在最近一二十年内纷纷涌现——院落覆盖式工坊、临时性/合用工坊等，这些实践均已经在现实生活中得到很好的应用，虽然它们从表面看起来会比较"简陋"，或者说显得"随意"，但是它们在农人家庭及群体生活中发挥的价值毫不逊色。前几年，我们初入浙北乡村进行入户调查的时候，有农人自豪地认为："我家的作坊是我自己一手设计、选材、施工且养护的，没有多花一分冤枉钱。"这样的案例告诉我们，实践中的营建策略不一定能够与纯理论化、工程化的形式相适应，但是他们的原则是统一的。

我们所做的是要把理论联系实践。本书着力描述的21处坊宅，就是作为实践，通过研究团队归纳、比对和凝练，形成理论性基础，并且要检验是否贴近"现实"。这也就预示了关于坊宅的基础理论研究一定是制约在乡村未来的环境中，就像本书提出的坊宅的系统化排列图景就是基于40多年来碧门村的发展历程一样。

值得欣慰的是，本书基于日常行为提出了一个系统化排列坊宅的方法，作为一个开端，可以为坊宅更进一步的研究起到铺垫作用。笔者设想乡村未来与坊宅的历程应包含两个阶段。

（1）第一个阶段将采用概念性框架，将现有的坊宅营建实践纳入其中。这一阶段不需要改变已经发生在乡村地域的空间现象，但是通过日常行为图谱将坊宅场景有逻辑地串联起来。这里包含的坊宅模式有：①明确允许建造的；②已经检验了很多年的；③明确不合规矩，但是已然变通过了的；④以上的坊宅模式，采用蕴含其内的新农人日常行为要素（行为参与人和参与人互动关系）来表示坊宅场景的规模及层次性，进而确定类型。

同时，利用生产活力和生活舒适性来表述坊宅的场所性。

（2）第二个阶段是基于第一阶段成果开始进行新的演化，着手改变一些要素关系，沿着有利于乡村振兴、共同富裕等宏大目标实现的方向提出适宜性坊宅模式，包含：

①尝试将乡村中的闲置宅院纳入既存坊宅体系，发挥整合效应，增强生产活力和场所感；

②优化坊宅空间质量，提出可操作的空间设计语法，减少其对生活舒适性的不利影响；

③调节坊宅空间品质，提出便捷的空间设计语法，增强室内居室的多适性，减少家人互动交往的客体隔阂；

④结合乡村具体的自然条件，对现有宅基地制度提出改进策略。

综上，基于日常行为图谱系统化排列坊宅场景，进而以场景为核心提出坊宅的设计规则，会是坊宅当前和未来研究的重点。本书仅仅是一个开端，并不能解决所有问题，但是期望能够沿着本书提出的"行为—空间"的类型划分方法继续前行。如此，在理性归纳和思考的支撑下，我们对我们乡村的未来充满期待。

附录1 21处坊宅生产场景互助性水平计算数据

样本编号	行为参与人数量	互动层级数量（新农人类型）	互动关系数量（互动关系个数）	行为链图
01	2	1	1	
02	2	2	2	
03	6	3	4	
04	8	4	4	
05	2	1	1	
06	3	1	1	
07	5	3	3	
08	5	3	4	
09	2	1	1	
10	3	2	2	
11	5	3	4	
12	6	2	6	
13	7	2	5	

续表

样本编号	行为参与人数量	互动层级数量 （新农人类型）	互动关系数量 （互动关系个数）	行为链图
14	4	3	3	
15	4	2	2	
16	11	4	8	
17	12	4	7	
18	10	4	5	
19	15	4	8	
20	11	3	5	
21	2	1	1	

附录2 坊宅样本图纸 [①]

1. 样本01

（1）概况

坊宅基本信息		社会信息
编号	01	
位置	青山村	家庭成员信息：家主人姓张，常住2人
初次建造时间	1985年	
建筑层数	2层	
空间形制	坊宅东侧、南侧均为院落，南侧院中为柴棚，主房面阔三间，坡屋顶，北侧为竹山	
建筑面积	住宅建筑面积：212m²	生计来源：兼业农户，务工
	工坊建筑面积：71m²	
院落面积	69m²	

（2）区位图及照片

附图1-1　样本区位

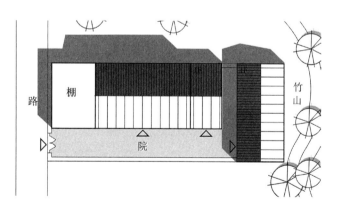

附图1-2　总平面图

① 本附录资料由研究团队整理绘制。

附图1-3　样本外观场景

（3）平面布置图

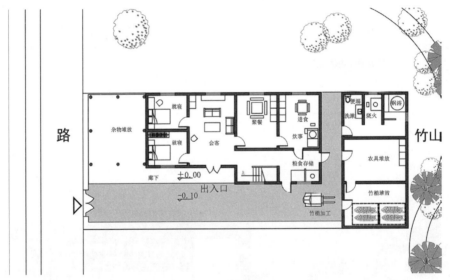

（a）一层平面图

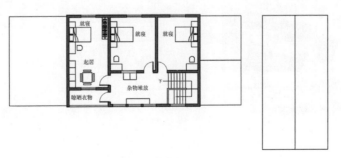

（b）二层平面图

附图1-4　样本平面图

2. 样本02

（1）概况

坊宅基本信息		社会信息
编号	02	家庭成员信息：户主姓朱，家中共2人居住
位置	沿景坞村	
初次建造时间	1985年	
建筑层数	2层	
空间形制	前院朝东南，主楼为2层楼住宅，面宽三间房，平顶，墙面简单粉刷。后院中有一单层小屋，西北侧为竹山	生计来源：务农，有时参与管理村公共事务
建筑面积	住宅建筑面积：219m²	
	工坊建筑面积：20m²	
院落面积	370m²	

（2）区位图及照片

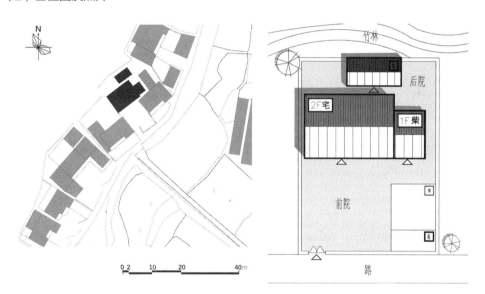

附图2-1　样本区位　　　　　　　附图2-2　总平面图

附图2-3　样本外观场景

（3）平面布置图

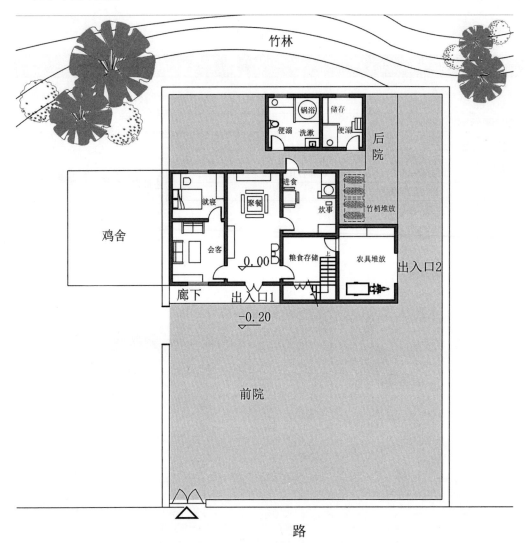

（a）一层平面图

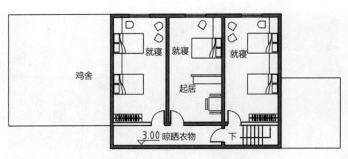

（b）二层平面图

附图2-4　样本平面图

3. 样本03

（1）概况

坊宅基本信息		社会信息
编号	03	家庭成员信息：郑氏夫妇2人
位置	青山村	
初次建造时间	1986年	
建筑层数	2层	
空间形制	院落西北侧为坊宅，东南侧为厨房与餐厅，坡屋顶，院落中设有简易柴棚，坊宅东侧与竹山相邻	生计来源：兼业农户
建筑面积	住宅建筑面积：244m²	
	工坊建筑面积：51m²	
院落面积	144m²	

（2）区位图及照片

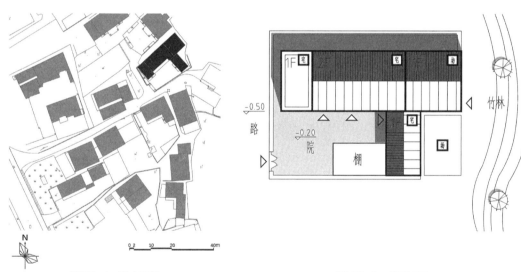

附图3-1　样本区位　　　　　　　　　　附图3-2　总平面图

附图3-3　样本外观场景

（3）平面布置图

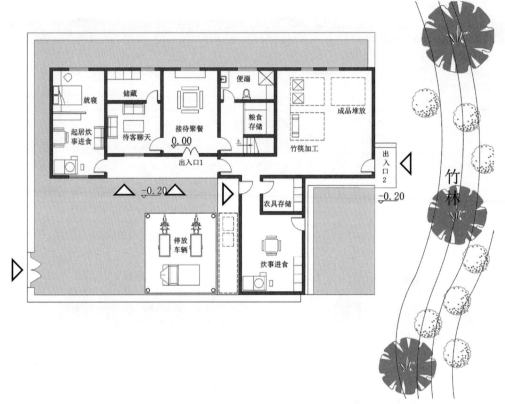

（a）一层平面图

（b）二层平面图

附图3-4　样本平面图

4．样本04

（1）概况

坊宅基本信息		社会信息
编号	04	家庭成员信息：吕大爷家的出租户，2人
位置	青山村	
初次建造时间	1989年	
建筑层数	1层	
空间形制	坊宅主房面宽两开间，坡屋顶，西南侧为院落，东侧为竹山	
建筑面积	住宅建筑面积：176m²	生计来源：货运驾驶员
	工坊建筑面积：42m²	
院落面积	357m²	

（2）区位图及照片

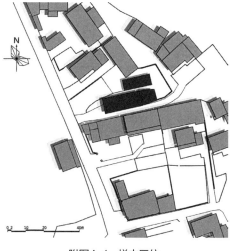

附图4-1 样本区位

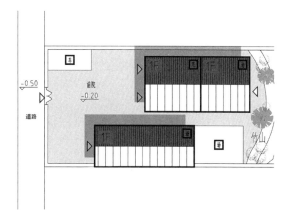

附图4-2 总平面图

附图4-3 样本外观场景

（3）平面布置图

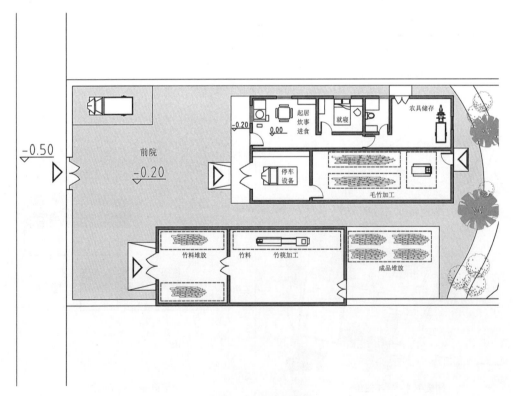

附图4-4 样本平面图

5. 样本05

（1）概况

坊宅基本信息		社会信息
编号	05	家庭成员信息：李姓夫妇和1个上高中的女儿，共3人
位置	青山村	
初次建造时间	1990年	
建筑层数	1层	
空间形制	住宅为1层，西侧棚为柴房，用于竹制品粗加工及堆放。有1处厨房，在北侧东边屋，室内既有烧柴灶头，也有煤气灶	生计来源：务工
建筑面积	85m²	
院落面积	248m²	

（2）区位图及照片

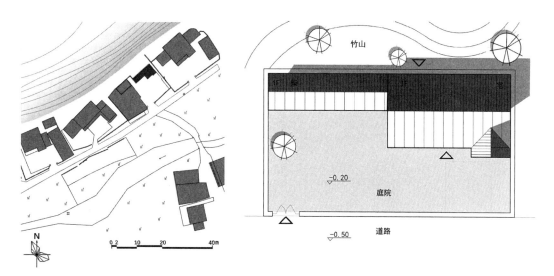

附图5-1　样本区位　　　　　　　　　　附图5-2　总平面图

附图5-3　样本外观场景

（3）平面布置图

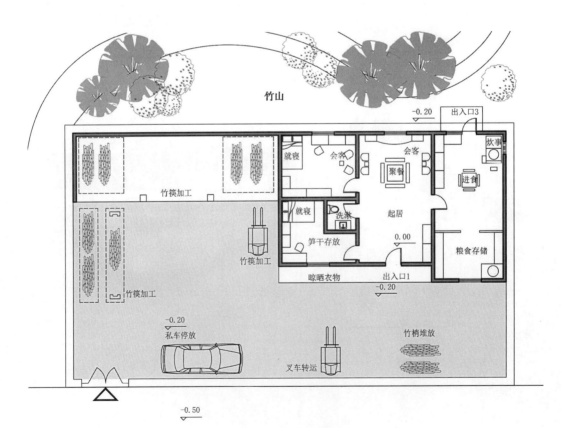

附图5-4　样本平面图

6.　样本06

（1）概况

坊宅基本信息		社会信息
编号	06	家庭成员信息：姓李，男主人在外地做拉丝机维修工，女主人在家附近务工，女儿在杭州上班
位置	青山村	
初次建造时间	1990年	
建筑层数	2层	生计来源：兼业农户，务工
空间形制	坊宅南侧为院落，西侧为简易柴棚，面阔三间，坡屋顶，东北侧为竹山	
建筑面积	住宅建筑面积：170m^2	
	工坊建筑面积：51m^2	
院落面积	88m^2	

（2）区位图及照片

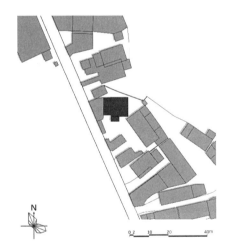

附图6-1　样本区位

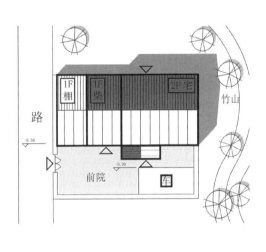

附图6-2　总平面图

附图6-3　样本外观场景

（3）平面布置图

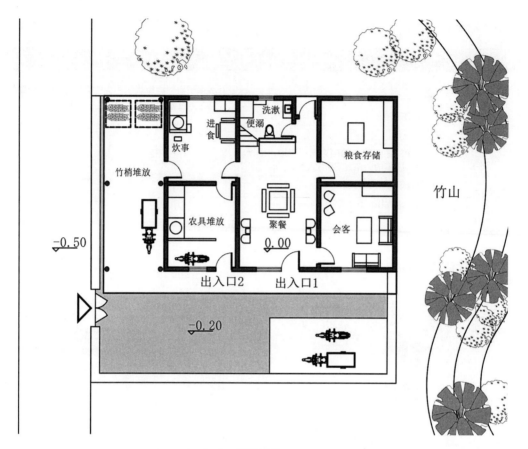

（a）一层平面图

（b）二层平面图

附图6-4 样本平面图

7. 样本07

（1）概况

坊宅基本信息		社会信息
编号	07	家庭成员信息：男主人姓章，创办了竹制品厂，其母年迈；女主人全职在家；常住4人
位置	青山村	
初次建造时间	1990年	
建筑层数	2层	
空间形制	院落全面积增设棚顶，东北侧为坊宅主房，坡屋顶，西南侧为厨房与餐厅	生计来源：商户
建筑面积	住宅建筑面积：269m²	
	工坊建筑面积：170m²	
院落面积	—	

（2）区位图及照片

附图7-1　样本区位

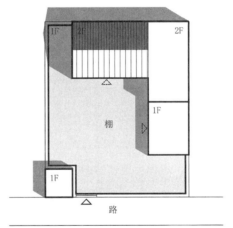

附图7-2　总平面图

附图7-3　样本外观场景

（3）平面布置图

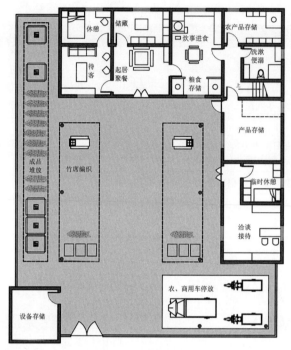

（a）一层平面图

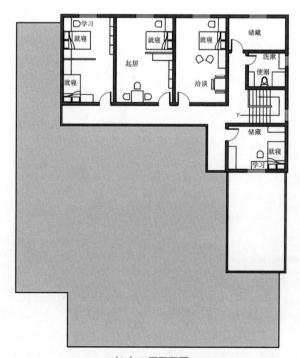

（b）二层平面图

附图7-4　样本平面图

8. 样本08

（1）概况

坊宅基本信息		社会信息
编号	08	家庭成员信息：夫妻两人务工，儿子城市户口，教师，常住3人
位置	碧门中心村	
初次建造时间	1990年	
建筑层数	2层	
空间形制	坊宅主房有2层，坡屋顶，西南侧为院落，北侧为竹山	生计来源：务工
建筑面积	住宅建筑面积：223m²	
	工坊建筑面积：97m²	
院落面积	138m²	

（2）区位图及照片

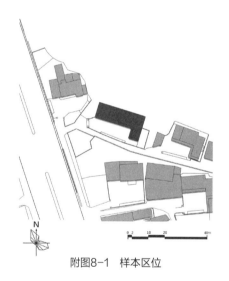

附图8-1　样本区位

附图8-2　总平面图

附图8-3　样本外观场景

（3）平面布置图

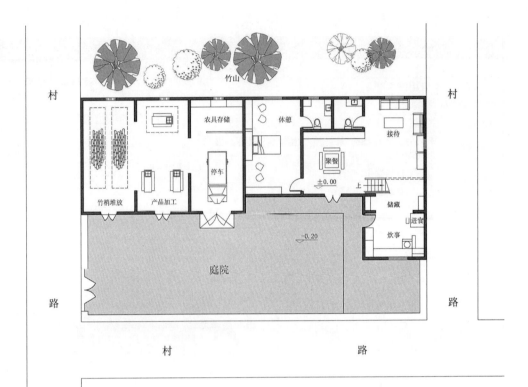

（a）一层平面图

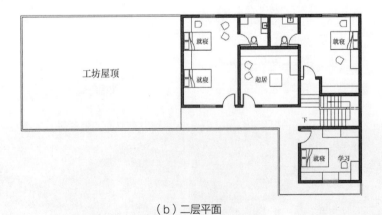

（b）二层平面

附图8-4　样本平面图

9．样本09

（1）概况

坊宅基本信息		社会信息
编号	09	家庭成员信息：主人姓周，常住3人
位置	青山村	
初次建造时间	1990年	
建筑层数	2层	
空间形制	样本由一栋2层住宅与一处棚屋组成，院落朝南。住宅为一字形，中间灶房向外凸出。棚屋作为柴草间使用，用于堆放加工材料与农具	生计来源：务农
建筑面积	住宅建筑面积：128m²	
	工坊建筑面积：127m²	
院落面积	245m²	

（2）区位图及照片

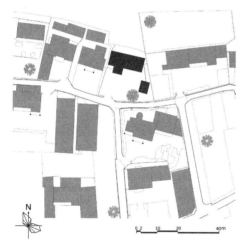

附图9-1　样本区位

附图9-2　总平面图

附图9-3　样本外观场景

（3）平面布置图

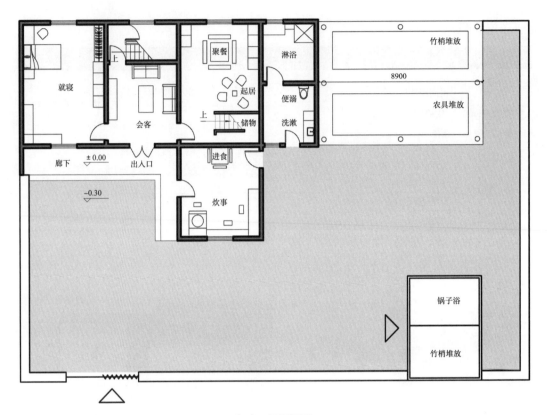

（a）一层平面图

（b）二层平面图

附图9-4　样本平面图

10.　样本10

（1）概况

坊宅基本信息		社会信息
编号	10	家庭成员信息：女主人姓应，常住2人
位置	沿景坞村	
初次建造时间	1990年	
建筑层数	2层	
空间形制	坊宅沿着村庄主要道路而建，坡屋顶，无院落	生计来源：小卖铺
建筑面积	住宅建筑面积：135m²	
院落面积	0m²	

（2）区位图及照片

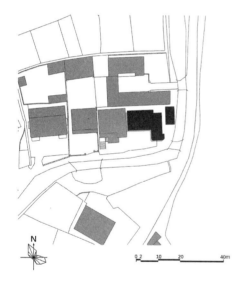

附图10-1　样本区位

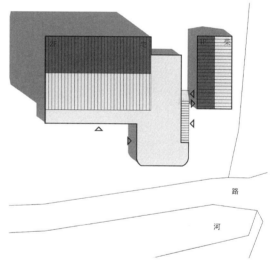

附图10-2　总平面图

附图10-3　样本外观场景

（3）平面布置图

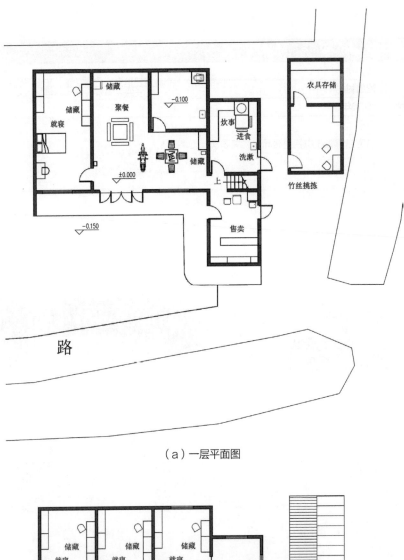

（a）一层平面图

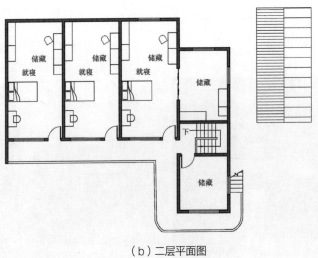

（b）二层平面图

附图10-4　样本平面图

11.　样本11

（1）概况

坊宅基本信息		社会信息
编号	11	家庭成员信息：户主姓王，和妻子经营一家广告公司，儿子还未上幼儿园。户主母亲务农，常住4人
位置	青山村	
初次建造时间	1994年	
建筑层数	2层	
空间形制	坊宅东南侧为院落，西南侧为自建工坊，开间较大，坡屋顶，北侧为竹山	生计来源：务工
建筑面积	住宅建筑面积：279m²	
	工坊建筑面积：175m²	
院落面积	144m²	

（2）区位图及照片

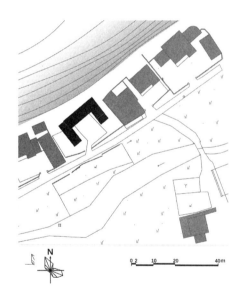

附图11-1　样本区位

附图11-2　总平面图

附图11-3　样本外观场景

（3）平面布置图

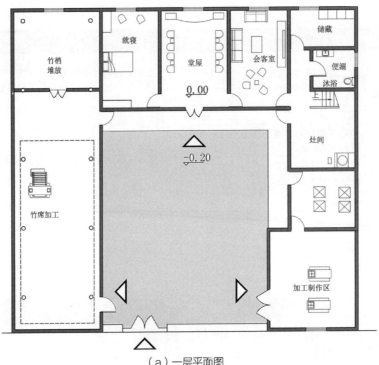

（a）一层平面图

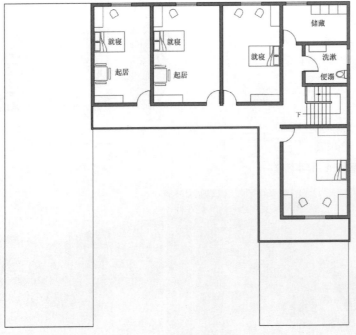

（b）二层平面图

附图11-4 样本平面图

12. 样本12

（1）概况

坊宅基本信息		社会信息
编号	12	家庭成员信息：余大姐夫妇，家中有老人独住，孩子上小学，常住5人
位置	浒溪口村	
初次建造时间	1995年	
建筑层数	2层	
空间形制	住宅为2层，东侧棚为工坊，后改作停车，有两处厨房，一处在南侧辅房，为老太太单用，另一处在北侧东边屋，室内既有烧柴灶头，也有煤气灶	生计来源：兼业农户，务工
建筑面积	住宅建筑面积：276m²	
	工坊建筑面积：253m²	
院落面积	146m²	

（2）区位图及照片

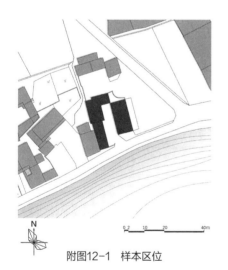

附图12-1　样本区位

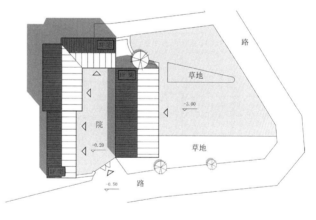

附图12-2　总平面图

附图12-3　样本外观场景

（3）平面布置图

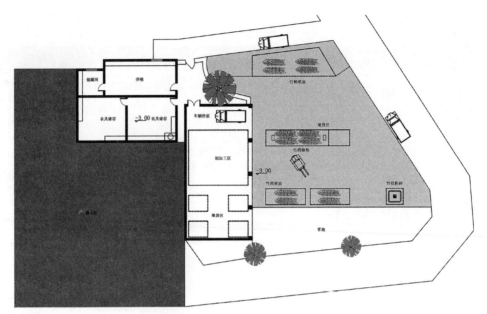

（a）地下一层平面图

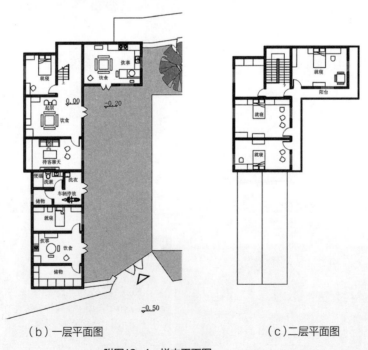

（b）一层平面图　　　　　　　　　（c）二层平面图

附图12-4　样本平面图

13. 样本13

（1）概况

坊宅基本信息		社会信息
编号	13	家庭成员信息：2个儿童，1个老年人，一对夫妻，常住
位置	浒溪口村	
初次建造时间	1995年	
建筑层数	2层	
空间形制	院落南侧为村庄道路，东侧为单层柴房，里面有传统旱厕，双开间；西北侧为坊宅2层主房，坡屋顶	生计来源：务农，加工户
建筑面积	住宅建筑面积：220m²	
	工坊建筑面积：184m²	
院落面积	280m²	

（2）区位图及照片

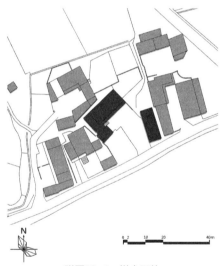

附图13-1 样本区位

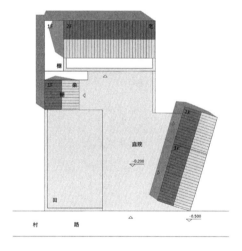

附图13-2 总平面图

附图13-3 样本外观场景

（3）平面布置图

（a）一层平面图

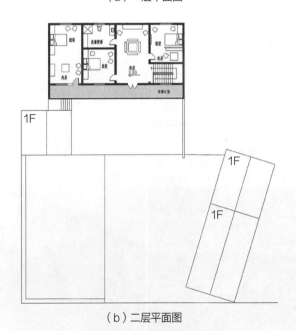

（b）二层平面图

附图13-4 样本平面图

14.　样本14

（1）概况

坊宅基本信息		社会信息
编号	14	家庭成员信息：主人姓许，常住5人
位置	青山村	
初次建造时间	1996年	
建筑层数	2层	生计来源：经商，竹制品营销
空间形制	院落自设棚顶，西侧为村中主要道路，北侧为坊宅，平顶	
建筑面积	住宅建筑面积：312m²	
	工坊建筑面积：115m²	
院落面积	102m²	

（2）区位图及照片

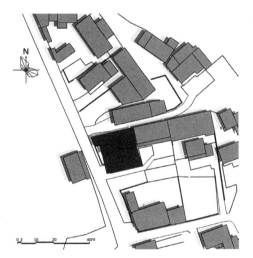

附图14-1　样本区位

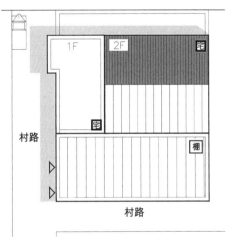

附图14-2　总平面图

附图14-3　样本外观场景

（3）平面布置图

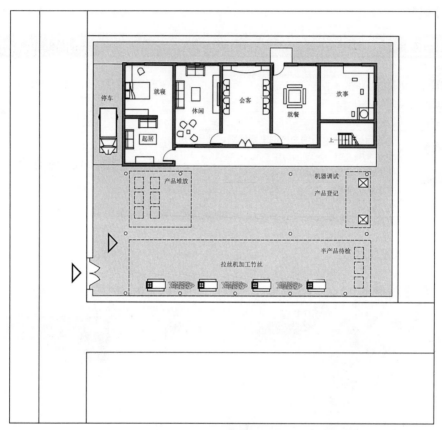

（a）一层平面图

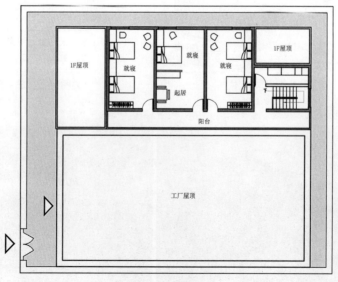

（b）二层平面图

附图14-4　样本平面图

15. 样本15

（1）概况

坊宅基本信息		社会信息
编号	15	家庭成员信息：家庭主人姓赵，常住2人
位置	碧门中心村	
初次建造时间	2000年	
建筑层数	2层	
空间形制	坊宅西侧为村主要干道，坊宅主屋有2层，坡屋顶；南侧为院落，设有柴棚，设置了洗手台等	生计来源：经商，竹席编织
建筑面积	住宅建筑面积：216m^2	
	工坊建筑面积：184m^2	
院落面积	112m^2	

（2）区位图及照片

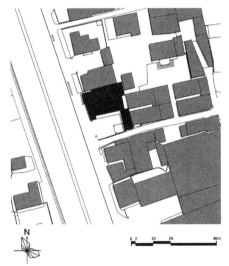

附图15-1 样本区位

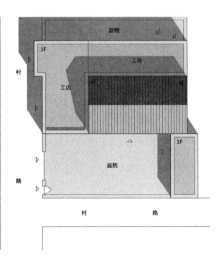

附图15-2 总平面图

附图15-3 样本外观场景

（3）平面布置图

（a）一层平面

（b）二层平面图

附图15-4　样本平面图

16. 样本16

（1）概况

坊宅基本信息		社会信息
编号	16	家庭成员信息：户主姓顾，他自己创办一家纱布制品公司，女主人在家全职，儿子在杭州创办公司，常住5人
位置	碧门中心村	
初次建造时间	2004年	
建筑层数	3层	
空间形制	坊宅南侧是院落，东侧及西南角是工坊，平顶，墙面有简单粉刷，开窗较多	生计来源：商户
建筑面积	住宅建筑面积：787m²	
	工坊建筑面积：178m²	
院落面积	622m²	

（2）区位图及照片

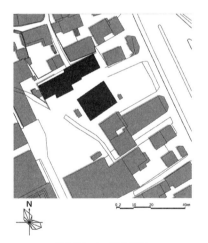

附图16-1　样本区位

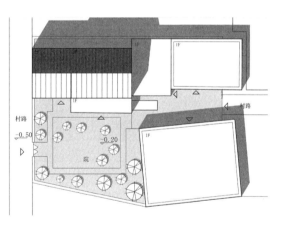

附图16-2　总平面图

附图16-3　样本外观场景

（3）平面布置图

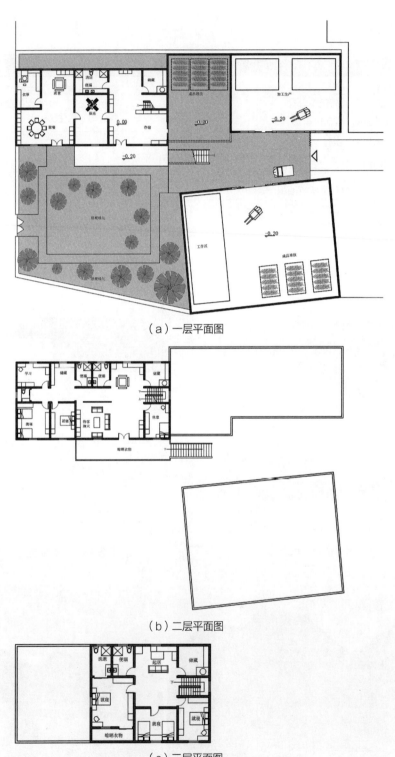

（a）一层平面图

（b）二层平面图

（c）三层平面图

附图16-4　样本平面图

17. 样本17

（1）概况

坊宅基本信息		社会信息
编号	17	家庭成员信息：工场主姓胡
位置	碧门中心村	
初次建造时间	2005年	
建筑层数	3层	
空间形制	北侧为坊宅主房，内有木饰面装饰，南侧为村中主要道路	生计来源：有可观规模的家庭工厂，为典型制作销售户。经济收入较高
建筑面积	住宅建筑面积：419m²	
	工坊建筑面积：262m²	
院落面积	261m²	

（2）区位图及照片

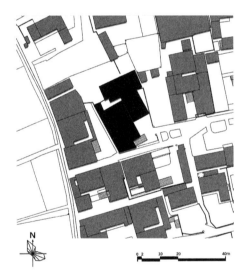

附图17-1 样本区位

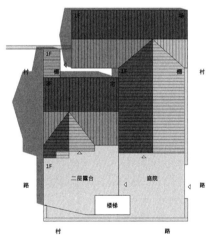

附图17-2 总平面图

附图17-3 样本外观场景

（3）平面布置图

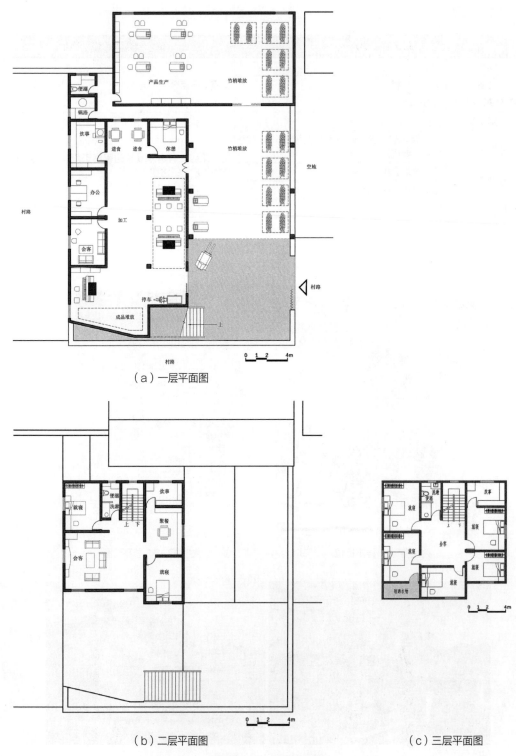

（a）一层平面图

（b）二层平面图 　　　　（c）三层平面图

附图17-4　样本平面图

18.　样本18

（1）概况

坊宅基本信息		社会信息
编号	18	家庭成员信息：沈大爷夫妇及儿子、儿媳、孙子，常住5人
位置	青山村	
初次建造时间	2008年	
建筑层数	3层	
空间形制	住宅为3层，院落西侧有两个棚用作存储器具，另外设有一处厨房，其中一半空间储柴，另一半空间炊事，二、三楼主要是寝居	生计来源：兼业农户，务工
建筑面积	住宅建筑面积：458m^2	
	工坊建筑面积：93m^2	
院落面积	300m^2	

（2）区位图及照片

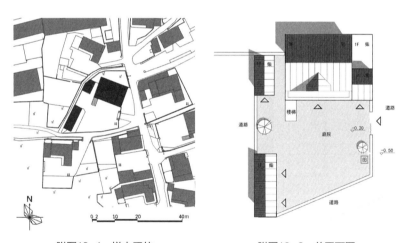

附图18-1　样本区位　　　　　附图18-2　总平面图

附图18-3　样本外观场景

（3）平面布置图

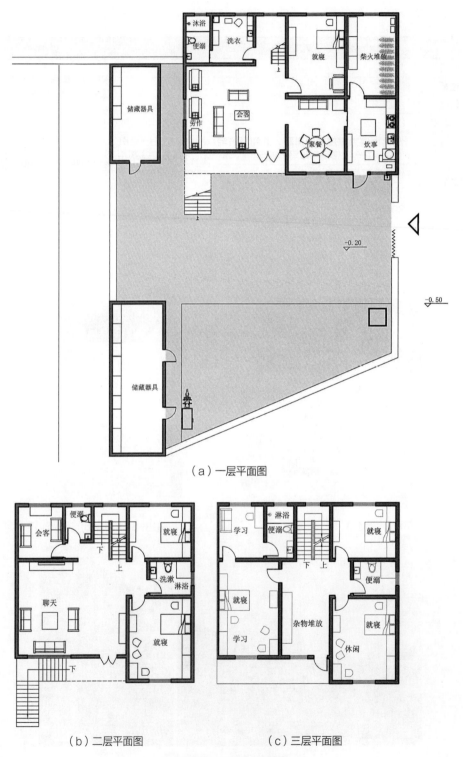

（a）一层平面图

（b）二层平面图　　　　（c）三层平面图

附图18-4　样本平面图

19. 样本19

（1）概况

坊宅基本信息		社会信息
编号	19	家庭成员信息：男主人姓沈，女主人姓王，另有一儿一女，常住4人
位置	青山村	
初次建造时间	2010年	
建筑层数	3层	
空间形制	院落西侧为村庄主要道路，北侧为坊宅主房，东侧、南侧为单层大工场	生计来源：经营的工场名列某电商平台同行业排名前20位，经济收入颇高
建筑面积	住宅建筑面积：548m²	
	工坊建筑面积：1176m²	
院落面积	454m²	

（2）区位图及照片

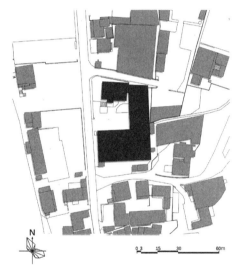

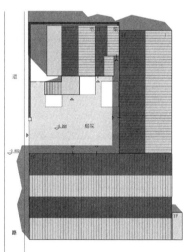

附图19-1　样本区位　　　　　　附图19-2　总平面图

附图19-3　样本外观场景

（3）平面布置图

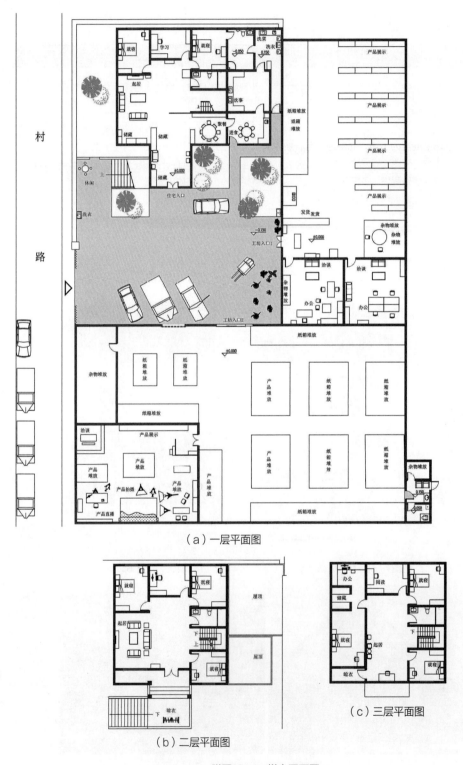

（a）一层平面图

（b）二层平面图

（c）三层平面图

附图19-4　样本平面图

20.　样本20

（1）概况

坊宅基本信息		社会信息
编号	20	家庭成员信息：家庭主人姓陈，有时会参与处理村中公共事务，常住5人
位置	青山村	
初次建造时间	2010年	
建筑层数	3层	
空间形制	坊宅底层为工坊，北侧为主房，坡屋顶，家中老人独自生活在东南侧房屋中	生计来源：经商，竹席销售，经济收入较高
建筑面积	住宅建筑面积：395m^2	
	工坊建筑面积：291m^2	
院落面积	36m^2	

（2）区位图及照片

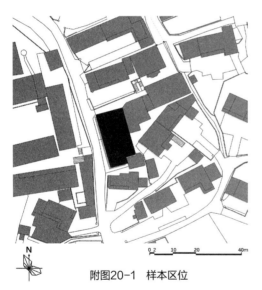

附图20-1　样本区位

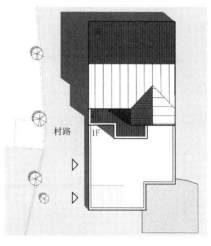

附图20-2　总平面图

附图20-3　样本外观场景

（3）平面布置图

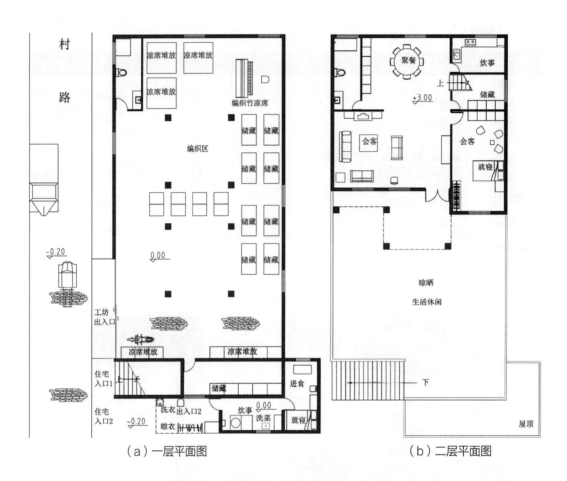

（a）一层平面图　　　　　　　　　　　（b）二层平面图

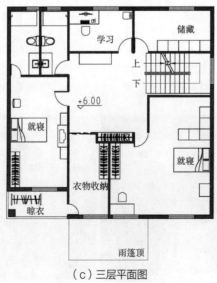

（c）三层平面图

附图20-4　样本平面图

21. 样本21

（1）概况

坊宅基本信息		社会信息
编号	21	家庭成员信息：夫妻2人及小孩，常住4人
位置	沿景坞村	
初次建造时间	2010年	
建筑层数	3层	生计来源：务工
空间形制	无工坊，坊宅为单开间，坡屋顶	
建筑面积	住宅建筑面积：437m²	
院落面积	22m²	

（2）区位图及照片

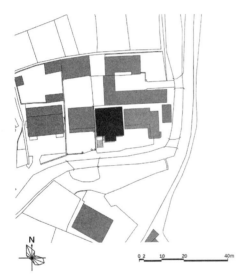

附图21-1　样本区位

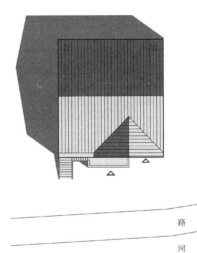

附图21-2　总平面图

附图21-3　样本外观场景

（3）平面布置图

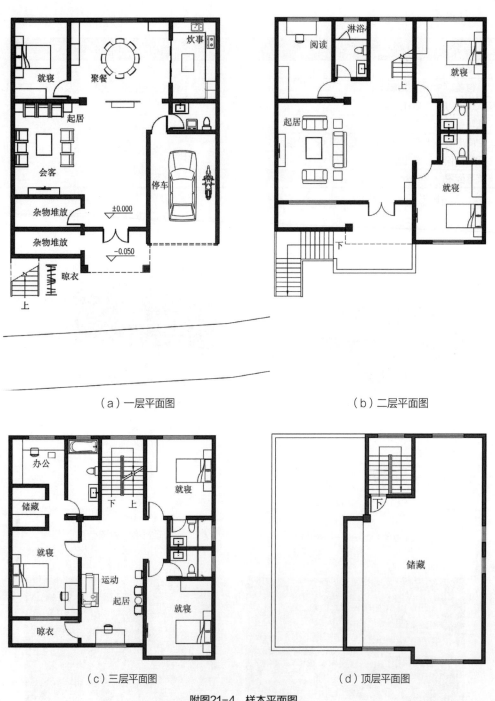

（a）一层平面图　　　　　　　（b）二层平面图

（c）三层平面图　　　　　　　（d）顶层平面图

附图21-4　样本平面图

参考文献

1. 中文文献

[1] 孙佩文，王竹，徐丹华. 多元主体"利益-平衡"机制的乡村营建策略——基于浙江安吉碧门村的设计实践[J]. 建筑与文化，2022（12）：62-65.

[2] 邬轶群，王竹，于慧芳，等. 乡村"产居一体"的演进机制与空间图谱解析——以浙江碧门村为例[J]. 地理研究，2022，41（2）：325-340.

[3] 邬轶群. 电商驱动下的浙江乡村"产居共生"空间格局与营建策略[D]. 杭州：浙江大学，2022.

[4] 邬轶群，王竹，朱晓青，等. 低碳乡村的碳图谱建构与时空特征分析——以长三角地区为例[J]. 南方建筑，2022（1）：98-105.

[5] 史琦洁，毛安元，张欣迪. 中国村落园林视角下的乡村人居环境有机更新策略初探——以南京浦口区星甸街道驷马组村落改造设计为例[J]. 现代园艺，2021，44（23）：110-112.

[6] 虞志淳，邱一平. 陕西关中村落空间形态设计量化研究[J]. 工业建筑，2021，51（8）：28-33.

[7] 徐丹华，龚嘉佳，龚敏. 工业村产业与空间的演化机制——以碧门村为例[C]//面向高质量发展的空间治理——2021中国城市规划年会论文集（16乡村规划），2021：447-458.

[8] 张璐，郝赤彪. 农旅一体化视域下的装配式农宅设计研究——以青岛市崂山区东麦窑村为例[J]. 城市建筑，2021，18（19）：152-155.

[9] 孟子婷，徐磊青，李斌. 农村养老设施中老年人环境行为研究——以山西吕梁农宅改造Y设施为例[J]. 城市建筑，2021，18（13）：95-101.

[10] 金乃玲，陈欣然. 现代生活模式下的农宅适宜性改造设计研究——以六安市赵湾村为例[J]. 城市建筑，2021，18（9）：67-69+87.

[11] 付伟. 中国工业化进程中的家庭经营及其精神动力——以浙江省H市潮镇块状产业集群为例[J]. 中国社会科学，2021（4）：146-165，207.

[12] 郝军，贺勇，浦欣成. 乡村公共生活空间网络结构分析与优化策略——以浙江

省安吉县鄣吴村为例[J]. 中外建筑，2020（7）：85-89.

[13] 段威，李雪. 同源异构——科尔沁右翼前旗地区当代乡土住宅的自发性建造的研究[J]. 建筑创作，2020（1）：8-17.

[14] 邹宇航. 基于乡村地域特性的琼北地区村落更新策略研究与实践[D]. 杭州：浙江大学，2020.

[15] 王振宇. 辽宁乡村生活方式与居住空间耦合的营建策略研究[D]. 沈阳：沈阳建筑大学，2020.

[16] 马昕琳，柴彦威，张艳. 郊区配建社区的居住混合与行为分异——以北京美和园社区为例[J]. 城市发展研究，2020，27（3）：55-62，76.

[17] 杨忍，罗秀丽. 发展转型视域下的乡村空间分化、重构与治理研究进展及展望[J]. 热带地理，2020，40（4）：575-588.

[18] 沈昕，冯健. 基于三维可视化路径的城中村居民交往空间——对北京市五个城中村的调查[J]. 城市发展研究，2020，27（12）：114-122.

[19] 何保红，梁丽婷，何明卫，等. 基于时间地理学的居民活动空间测度方法研究[J]. 交通运输系统工程与信息，2020，20（4）：113-118.

[20] 吕衡，张健. 安吉县竹产业发展实践与探索[J]. 浙江林业，2020（6）：30-31.

[21] 戈大专，龙花楼. 论乡村空间治理与城乡融合发展[J]. 地理学报，2020，75（6）：1272-1286.

[22] 卢健松. 变迁中的乡村生活[D]. 长沙：湖南大学，2002.

[23] 郭文炯，张昱. 生命历程视角下城市居民时空间行为特征研究——以山西省晋中市榆次区为例[J]. 地域研究与开发，2020，39（3）：83-87，93.

[24] 饶敏琪，吴昕，张立诚，等. 基于环境行为学的下涧槽社区公共空间居民行为研究[J]. 居舍，2020（3）：6，29.

[25] 邹志平. 安吉中国美丽乡村模式研究[D]. 上海：复旦大学，2010.

[26] 斯蒂芬·马歇尔. 街道与形态[M]. 苑思楠，译. 北京：中国建筑工业出版社，2011.

[27] 张宏亮. 浙江安吉竹产业发展历程及启示[J]. 世界竹藤通讯，2020，18（1）：1-5.

[28] 黄建中，张芮琪，胡刚钰. 基于时空间行为的老年人日常生活圈研究——空间识别与特征分析[J]. 城市规划学刊，2019（3）：87-95.

[29] 徐怡珊，周典，刘柯琭. 老年人时空行为可视化与社区健康宜居环境研究[J]. 建筑学报，2019（S1）：90-95.

[30] 蒋金亮，刘志超. 时空间行为分析支撑的乡村规划设计方法[J]. 现代城市研究，2019（11）：61-67.

[31] 袁源，张小林，李红波，等. 西方国家乡村空间转型研究及其启示[J]. 地理科学，2019，39（8）：1219-1227.

[32] 张佰林，姜广辉，曲衍波. 经济发达地区农村居民点生产居住空间权衡关系解析[J]. 农业工程学报，2019，35（13）：253-261.

[33] 王娅雯. 安吉竹产业竞争力提升[D]. 杭州：浙江工业大学，2019.

[34] 杨忍. 广州市城郊典型乡村空间分化过程及机制[J]. 地理学报，2019，74（8）：1622-1636.

[35] 李青. 安吉县乡村人居环境有机更新研究[D]. 杭州：浙江农林大学，2019.

[36] 孙宁晗. 基于地域特色的传统农房宜居性改造设计研究[D]. 济南：山东建筑大学，2019.

[37] 朱子砚. 偏远山区乡村传统手工业工坊的当代利用研究[D]. 无锡：江南大学，2019.

[38] 吕廷红. 山东地区农村住宅模块化设计[D]. 西安：西安建筑科技大学，2019.

[39] 唐嘉莲. 社会网络分析方法下村落公共空间设计路径模块化研究[D]. 广州：广东工业大学，2019.

[40] 孙照人，宋天意，雷博文，等. 安吉两山茶舍，浙江，中国[J]. 世界建筑，2019（1）：117.

[41] 付孟泽. 人地关系视角下乡村聚落空间形态演变与发展研究[D]. 天津：天津大学，2019.

[42] 李宜臻. 乡村旅游视角下湘北农村住宅改造设计研究[D]. 长沙：湖南大学，2019.

[43] 郑自程. 关中村庄空间与当前乡村生活方式适应性评价[D]. 西安：西安建筑科技大学，2019.

[44] 冯娴. 易地扶贫搬迁背景下农宅功能模块研究与设计[D]. 贵阳：贵州大学，2019.

[45] 裴野. 江汉平原地区新农村住宅精细化设计研究与实践[D]. 长春：长春工程学院，2019.

[46] 邬轶群，朱晓青，王竹，等. 基于产住元胞的乡村碳图谱建构与优化策略解析——以浙江地区发达乡村为例[J]. 西部人居环境学刊，2018，33（6）：116-120.

[47] 刘欣欣. 安吉农村青年创业的影响因素与对策研究[D]. 杭州：浙江农林大学，2018.

[48] 吴仁武，舒也，张宏亮，等. 浙江安吉人竹共生系统模式的构建及其价值分析[J]. 世界竹藤通讯，2018，16（4）：18-23.

[49] 张健. 浙江安吉：争当全国竹产业样板地、模范生[J]. 中国林业产业，2018（Z2）：88-95.

[50] 付伟. 城镇化进程中的乡村产业与家庭经营——以S市域调研为例[J]. 社会发展研究，2018，5（1）：81-101，243-244.

[51] 柳丽娜，潘建平，田立斌，等. 浙江安吉县毛竹林业园区现状调查及分析[J]. 世界竹藤通讯，2018，16（2）：49-52.

[52] 汪菁. 经济、生态和文化协同发展视角下的竹产业发展路径研究——浙江省安吉县竹产业发展的实践研究[J]. 农业部管理干部学院学报，2018（3）：29-33.

[53] 关小克，王秀丽，张佰林，等. 不同经济梯度区典型农村居民点形态特征识别与调控[J]. 经济地理，2018，38（10）：190-200.

[54] 端木一博，柴彦威. 社区设施供给与居民需求的时空匹配研究——以北京清上园社区为例[J]. 地域研究与开发，2018，37（6）：76-81.

[55] 钟炜菁，王德. 基于居民行为周期特征的城市空间研究[J]. 地理科学进展，2018，37（8）：1106-1118.

[56] 姚禹阳. "安吉模式"对我国美丽乡村建设的启示[J]. 现代化农业，2018（3）：37-38.

[57] 张沈斌. 新型原竹空间结构体系的找形分析[D]. 杭州：浙江大学，2018.

[58] 申悦，柴彦威. 基于日常活动空间的社会空间分异研究进展[J]. 地理科学进展，2018，37（6）：853-862.

[59] 王竹，陈潇玮，王珂. 时空维度下的湖州地区乡村景观格局演变分析[J]. 建筑与文化，2017（1）：172-174.

[60] 余斌，卢燕，曾菊新，等. 乡村生活空间研究进展及展望[J]. 地理科学，2017，37（3）：375-385.

[61] 孙秀丽. 人宅耦合视角下乡村住居建筑的营建策略研究[D]. 大连：大连理工大学，2017.

[62] 陈汪丹. 美丽乡村背景下安吉县孝丰地区农村自建住宅设计变迁研究（1985-2015年）[D]. 杭州：浙江农林大学，2017.

[63] 朱浚氙. 安吉县毛竹专业合作社的经营效益及影响因素研究[D]. 杭州：浙江农林大学，2017.

[64] 温亚. 乡村聚落空间形态传承与演变初探[D]. 天津：天津大学，2017.

[65] 段威，周超. 萧山当代乡土住宅的自发性建造研究（四）："山寨"，新流行样式的发生、"农民城市人"的第二居所[J]. 住区，2017（6）：133-136.

[66] 仝晓晓，熊兴耀. 基于建筑类型学的苏南新农村农居设计[J]. 南通大学学报（社会科学版），2017，33（6）：

12-17.

[67] 李慧，张仲凤. 基于凸空间分析法的住宅室内空间组构研究[J]. 湖南包装，2017，32（3）：88-91.

[68] 段威. 萧山当代乡土住宅的自发性建造研究（三）：住租结合的改扩建[J]. 住区，2017（4）：115-117.

[69] 徐文浩. 会同县长田村农宅空间演变机制研究[D]. 长沙：湖南大学，2017.

[70] 兴海. 科右中旗民居居住形态研究[D]. 长春：东北师范大学，2017.

[71] 段威，周超. 萧山当代乡土住宅的自发性建造研究（二）——乡土基督教堂、以厂为家的工作坊[J]. 住区，2017（2）：129-131.

[72] 段威，周超. 萧山当代乡土住宅的自发性建造研究（一）——新旧嫁接：老宅的生长[J]. 住区，2017（01）：93-95.

[73] 贺龙. 乡村自主建造模式的现代重构[D]. 天津：天津大学，2017.

[74] 申悦，塔娜，柴彦威. 基于生活空间与活动空间视角的郊区空间研究框架[J]. 人文地理，2017，32（4）：1-6.

[75] 仇白羽，谢红，张建坤，等. 大规模保障住区老年居民的时空间行为特征研究——以南京市岱山润福城为例[J]. 现代城市研究，2016（6）：16-21.

[76] 柴彦威，塔娜，马静. 行为分析的社会—空间维度——中国行为地理学前沿进展（英文）[J]. Journal of Geographical Sciences，2016，26（8）：1243-1260.

[77] 陈汪丹，鲍沁星，张万荣. 美丽乡村安吉农村自建住宅设计变迁研究——以安吉县新村村为例[J]. 小城镇建设，2016（1）：77-84.

[78] 张旭. 基于老年人行为模式的居住环境建构研究[D]. 天津：天津大学，2016.

[79] 任洪国. 热宜居视角下严寒地区农村住宅设计研究[D]. 哈尔滨：哈尔滨工业大学，2016.

[80] 柴彦威，张雪，孙道胜. 基于时空间行为的城市生活圈规划研究——以北京市为例[J]. 城市规划学刊，2015（3）：61-69.

[81] 柯文前，俞肇元，陈伟，等. 人类时空间行为数据观测体系架构及其关键问题[J]. 地理研究，2015，34（2）：373-383.

[82] 顾敏. 建设美丽乡村背景下的安吉竹产业转型升级策略研究[D]. 宁波：宁波大学，2015.

[83] 段威. 萧山"自造"浙江萧山南沙地区当代乡土住宅的自发性建造的研究[J]. 风景园林，2015（12）：89-99.

[84] 吴泉晓. 基于空间句法原理的青海郭麻日历史文化名村空间特征研究[D]. 西安：长安大学，2015.

[85] 王竹，钱振澜. 乡村人居环境有机更新理念与策略[J]. 西部人居环境学刊，2015，30（2）：15-19.

[86] 张国良，张付安. 生态文化视角下的竹产业集群自主创新发展对策研究[J]. 科学管理研究，2012，30（4）：43-46.

[87] 陈潜. 福建省农户毛竹生产效率研究[D]. 福州：福建农林大学，2015.

[88] 付本臣，黎晗，张宇. 东北严寒地区农村住宅适老化设计研究[J]. 建筑学报，2014（11）：90-95.

[89] 何峰. 湘南汉族传统村落空间形态演变机制与适应性研究[D]. 长沙：湖南大学，2012.

[90] 徐晓冬，罗桑扎西. 从消费者时空间行为视角探讨城市综合体空间设计[J]. 建筑技艺，2014（11）：108-111.

[91] 崔曙平，徐晓冬，罗桑扎西，等. 基于时空间行为数据的规划实施分析与优化策略探讨——以南京岱山保障房片区商业规划为例[A]//中国城市科学研究会、天津市滨海新区人民政府. 2014（第九届）城市发展与规划大会论文集——S08智慧城市、数字城市建设的战略思考、技术手段、评价体系. 中国城市科学研究会、天津市滨海新区人民政府：中国城市科学研究会，2014：6.

[92]　刘文艳. 基于空间句法理论的中日传统民居室内空间组织特征比较研究[D]. 合肥：合肥工业大学，2014.

[93]　朱怀. 基于生态安全格局视角下的浙北乡村景观营建研究[D]. 杭州：浙江大学，2014.

[94]　李庆丽，李斌，李华. 养老设施内老年人休闲社交行为的影响因素研究[J]. 建筑学报，2014（S1）：108-114.

[95]　张志远. 农村农产品家庭加工业环境污染防治[D]. 杭州：浙江大学，2013.

[96]　戴莹. 安吉竹编生活用具的设计特征及开发策略研究[D]. 无锡：江南大学，2013.

[97]　刘京华. 陇东地区生态农宅适宜营建策略及设计模式研究[D]. 西安：西安建筑科技大学，2013.

[98]　张玉军. 生态文化视角下安吉竹产业发展对策研究[D]. 杭州：浙江农林大学，2013.

[99]　夏淑娟，徐文辉，陈青红. 浙江安吉产业发展型乡村绿道应用模式研究[J]. 广东农业科学，2013，40（3）：40-42+237.

[100]　楼栋，孔祥智. 制度变迁视角下林业股份合作社的产生、优势与挑战——以浙江省安吉县尚林毛竹股份合作社为例[J]. 林业经济评论，2012，2：87-94.

[101]　鲍晓君. 安吉竹产业竞争力分析及提升研究[D]. 杭州：浙江工业大学，2012.

[102]　卢健松，姜敏. 自发性建造的内涵与特征：自组织理论视野下当代民居研究范畴再界定[J]. 建筑师，2012（5）：23-27.

2. 外文文献

[1]　KAPTAN A C, TASLI T, OZKOK F, et al. Land use suitability analysis of rural tourism activities: Yenice, Turkey[J]. Tourism Management, 2020, 76, 103949.

[2]　WILCZAK J. Making the countryside more like the countryside? Rural planning and metropolitan visions in post-quake Chengdu[J]. Geoforum, 2017, 78(1):110-118.

[3]　TIAN Y, LIU Y, LIU X, et al. Restructuring rural settlements based on subjective well-being (SWB): a case study in Hubei province, central China[J]. Land use policy, 2017, 63(4): 255-265.

[4]　GIMENEZNADAL J I, MOLINA J A. Commuting time and household responsibilities: evidence using propensity score matching[J]. Journal of Regional Science, 2016, 56(2): 332-359.

致谢

本书是由三部分研究共同组成的研究整体，包括早期我在浙江大学建筑工程学院博士后流动站跟随合作导师王竹教授所进行的浙北地区乡村农人日常生活和日常空间的研究，也有随后在浙江工业大学建筑系健康建筑创新团队中所进行的乡村农宅设计的研究，还包含了针对浙北地区乡村农人非农生产行为及聚居单元模式的相关研究。

行书至末，我将写作过程中给予我帮助的人铭记于这篇致谢文。首先，衷心感谢我的合作导师王竹教授，是他引领我进入乡村人居环境领域并倾力支持我开展相关研究，他为我及研究团队在浙江（湖州、杭州、嘉兴等地）、广东英德等地村镇开展调查问卷、活动日志及入户调查等工作提供了指导和便利条件。其次，还需要感谢浙江大学乡村人居环境研究中心团队中钱振澜、徐丹华、邬轶群、孟静婷等在内的数十位研究人员在调研过程中的鼎力合作与协助；再次，感谢我的研究生刘胜昆、蓝家泰和吕萌萌三位同学——刘胜昆同学在2020～2023年期间，积极参与了数次田野调查、草图勾勒、文档编制及书稿修改校对等工作，同时他归纳整理了书中第4、5章中新农人日常行为图示和行为场景等内容；蓝家泰同学也积极参与资料修改及完善工作，他归纳并设计了书中第3章中新农人的作息、活动领域图示等内容；吕萌萌同学主要参与了修改、完善坊宅样本的测绘图纸等内容。与此同时，还需要真挚感谢浙江工业大学建筑系本科2016级黄思怡、傅楠同学，2017级钱佳琪、范文琪、张欢琴同学，2018级汪敏、张婧怡同学，2019级金瑞莹、过潇雨、虞卓超、王志强、王轶岫、赵亦可、王菁岚、徐梦圆、吴凯轩、陈安心、唐艺宁、林曙光、段格格、郭云枫、白雪、林均豪、徐慧珂、易欣雨、姚舜煜、詹梦珊、陶野、艾睿恺和史翼洋等同学，感谢他们为本书中农人活动日志调查、坊宅图形测量及数据修改等基础性研究工作作出的大量工作和不懈努力。

　　另外，本书的写作离不开在调研过程中乡村社会各界人士的关心、支持和帮助。在此感谢碧门村李亚财书记、张月明主任、章苗根队长、汪颖干事及五个自然村的村委干部，感谢他们在入户调查中的鼎力支持；感谢阮振宵、沈俊桦、吴军强等农创客及家人在实地测量及深度访谈过程中的耐心配合和交流；还要感谢五个自然村中众多热心农人们的帮助……没有这些朋友们的热情帮助，本书的调查部分难以顺利完成。

　　当然本书自成稿至出版，还要真挚感谢中国建筑工业出版社的刘静编辑及其同仁，她们在本书出版期间针对书稿封面设计、插图样式选择及引用规范性等方面给予了帮助和支持。

　　尽管有来自各方的大力合作和帮助，书中错漏之处仍在所难免，对此我们期待读者给予善意的批评和指正。

仲利强

2023年2月13号于杭州